汉竹编著·亲亲乐读系列

吃不胖的月子餐

李宁 主编

汉竹图书微博
http://weibo.com/hanzhutushu

江苏凤凰科学技术出版社
全国百佳图书出版单位

编辑导读

十月怀胎，一朝分娩，一个小生命的诞生让新妈妈满怀热情。欢喜之余，却也无限担忧：

臃肿的身材何时才能重回苗条？

宝宝嗷嗷待哺，“粮袋”却瘪瘪的？

月子里每天就是那几样菜，都吃腻了，怎么办？

……

不必焦急，翻开这本书吧。本书为新妈妈详细介绍了产后 6 周的饮食宜忌，根据每周不同的调养重点，每天给出 5 顿饭的营养食谱。不必为月子餐吃什么、怎么吃而发愁，按照食谱做，就能让新妈妈和宝宝得到全面、科学的呵护。

胃口好，吃得营养，乳汁充足，不长胖，这应该是所有新妈妈期待的，那就一起来跟着营养师享“瘦”月子 42 天吧！

第1周

目录

第6周

附录：产后常见不适食疗方

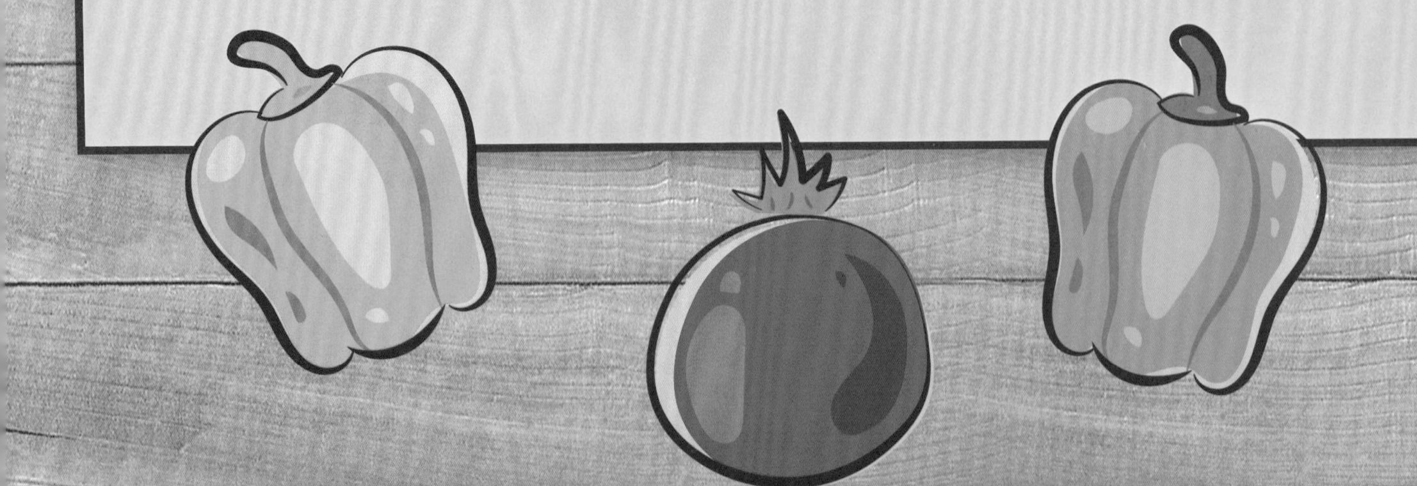

第 1 周

新妈妈的身体变化

乳房

出了产房之后，宝宝就会被送到新妈妈面前，小家伙会毫不客气地噘起小嘴吸吮乳头，但新妈妈也会面临没有乳汁的尴尬。这很正常，因为产后 1~3 天新妈妈才会有乳汁分泌。

胃肠

在孕期受到子宫压迫的胃肠终于可以"归位"了，但其功能的恢复还需要一段时间。产后第 1 周，新妈妈的食欲比较差，家人可要在饮食上多花心思了，多做一些开胃的食物。

子宫

宝宝胎儿时期的温暖小窝——子宫，在宝宝出生后就要"功成身退"了。本周开始，新妈妈的子宫会慢慢变小，但要恢复到怀孕前的大小，至少要经过 6 周左右的时间。

恶露

产后新妈妈会排出类似月经样的液体和分泌物（含有血液及坏死的蜕膜等组织），这就是恶露。这周是新妈妈排恶露的关键期，恶露起初为鲜红色，几天后转为淡红色。

产后第1周调养方案

新妈妈刚刚进行了一场“重体力劳动”——分娩，消耗了不少体力，家人一定为新妈妈准备了很多补养食品，但因为产后特殊的生理变化，此时的进补要更为慎重，不宜大补，而且药补不如食补，所以，专家建议，本周宜吃些清淡、开胃的食物和帮助排恶露的食物。

1 先别急着下奶

看着嗷嗷待哺的宝宝，再想想空空如也的乳房，多数新妈妈的第一反应就是喝许多大补的补品和汤水。想要哺育宝宝的心情可以理解，但产后立即服用下奶汤及补品的方法则是大错特错，因为产后新妈妈的身体太虚弱，马上进补催奶的高汤，往往会“虚不受补”，反而会导致乳汁分泌不畅。另外，宝宝在初生几天内吃得较少，如果过早服用下奶的食物，奶水太多还易形成乳疮。

2 开胃

不论是顺产还是剖宫产，产后最初几天，新妈妈似乎都对吃提不起兴趣。因为身体虚弱，胃口会非常差。如果大鱼大肉地猛补，只会适得其反。所以，在产后第1周里，适宜吃比较清淡的食物，如蔬菜汤、稀粥、面条汤等，同时可多吃橙子、猕猴桃等有开胃作用的水果。本阶段的重点是开胃而不是滋补，新妈妈胃口好，才能食之有味，才好吸收丰富的营养。

营养又不增重的月子餐每日推荐

新妈妈由于生产消耗了大量体力，身体变得虚弱，再加上泌乳的需求，所以月子期间每日摄取热量应比孕前增加500千卡[①]，即每日摄入2 000千卡热量即可。

400千卡 早餐 + **150千卡** 加餐 + **600千卡** 午餐 +

早餐 奶香南瓜糊（做法见20页），热量为100千卡[②]。

午餐 芥蓝腰果炒香菇（做法见21页），热量为400千。

注①：为方便读者阅读，全书热量单位均为千卡。1千卡≈4.19千焦

②：此处的热量为每100克该菜品的热量。

3 先排毒

产后第1周也称为新陈代谢周。怀孕时体内潴留的身体毒素、多余的水分以及废血、废水、废气等，都会在这一阶段排出。因此，第1周的饮食要以排毒为先，如果一味大补，恶露和毒素会排不干净。

4 促进伤口愈合

顺产妈妈的伤口愈合只需三四天，而剖宫产妈妈则需1周左右。产后应吃些加速伤口愈合的食物，建议多吃富含优质蛋白和维生素C的食物，以促进组织修复。富含维生素C的食物有苹果、菠菜、番茄、菜花等。此外，蛋白质是母乳中重要的营养素，新妈妈要均衡、适量补充动物蛋白和植物蛋白，如多吃鸡蛋、瘦肉、豆腐等。

第1周 产后恢复关键点

坐月子期间，除了照顾好宝宝，新妈妈自己也需要周全而细致的照顾。

- 产后24小时一定要充分休息。
- 24小时密切关注出血量。
- 剖宫产手术后6小时内不能枕枕头。
- 剖宫产手术后24小时要卧床休息。
- 出院时注意穿戴保暖，戴上帽子，避免受凉。
- 月子里尽量不要碰冷水。
- 月子期间要穿软底带后包跟的拖鞋。
- 剖宫产后应及早自主排尿。
- 剖宫产妈妈宜穿大号内裤。
- 产后前3天用指漱法刷牙。
- 新妈妈不要一直卧床不起，要在家人的搀扶下下床活动。
- 学习正确的喂奶方式，以防腰背疼痛。
- 新妈妈每天要保证8小时以上的睡眠时间。
- 会阴侧切的新妈妈要经常清洗外阴，保持伤口的清洁和干燥。
- 夏天新妈妈可以适当吹空调，但切忌直接对着吹。

补充维生素C

新妈妈注意补充维生素C，对顺产妈妈的会阴侧切伤口、剖宫产妈妈的伤口愈合都有好处。

猕猴桃

橙子

圆白菜

150千卡 加餐 + 700千卡 晚餐 = 2 000千卡

新妈妈应减少食用油和糖的摄取

晚餐 茄汁菜花（做法见27页），热量为140千卡。

产后并非吃得越多身体恢复越快、奶水越好。新妈妈活动较少，过多进食会造成营养过剩，从而引起肥胖，还会使体内糖和脂肪代谢失调，引起各种疾病。

5 早餐前半小时喝杯温开水

在早餐前半小时喝杯温开水，不仅可以润滑肠胃，让消化液充足分泌，刺激肠胃蠕动，防止哺乳期的新妈妈发生便秘和痔疮，还可以增加泌乳量。有些人喜欢早晨空腹喝杯淡盐水，以促进排便，但新妈妈在月子期间喝淡盐水对身体恢复不利，因此新妈妈最好不要喝淡盐水。

6 月子餐原料宜考究

月子餐要保证新妈妈身体尽快复原，就必须要选择考究的原料，如选择时令的新鲜蔬菜、水果，尤其应少吃或不吃反季节蔬菜和水果；月子期间应多喝热量低且营养价值高的汤。同时食材的选购也要注意选择天然无污染的种类，最好到正规菜市场、商场或超市购买。

7 饮用生化汤

生化汤是一种传统的产后方，能“生”出新血，“化”去旧瘀，可以帮助新妈妈排出恶露，但是饮用要恰当，不能过量，否则有可能增大出血量，不利于子宫修复。

分娩后，不宜立即服用生化汤，因为此时医生会开一些帮助子宫收缩的药物，若同时饮用生化汤，会影响疗效或增加出血量，不利于新妈妈身体恢复。

一般顺产妈妈在无凝血功能障碍、血崩或伤口感染的情况下，可在产后 3 天服用，每天 1 帖，连服 7~10 帖。剖宫产妈妈则建议最好推迟到产后 7 天后再服用，连续服用 5~7 帖，每天 1 帖。每帖平均分成 3 份，在早、中、晚三餐前，温热服用。不要擅自加量或延长服用时间。饮用前，最好咨询医生。

生化汤做法如下：当归、桃仁各 15 克，川芎 6 克，黑姜 10 克，甘草 3 克，大米 100 克，红糖适量。将大米淘洗干净，用清水浸泡 30 分钟，备用。将当归、桃仁、川芎、黑姜、甘草和水以 1:10 的比例小火煎煮 30 分钟。将大米放入锅内熬煮成粥，调入红糖，温热服用。

剖宫产妈妈应在产后 7 天后开始服用生化汤。

新妈妈每天吃鸡蛋不宜超过2个。

8 稀软食物为主

依据新妈妈的身体状况，月子期间的饮食宜以稀软为主。“稀”是指水分要多一些，有些地方坐月子禁止新妈妈喝水，这是不科学的观念。经过怀孕、分娩，身体流失了许多血液、汗液和体液，新妈妈还要肩负哺喂宝宝的任务。因此，要保证水分的摄入量，除了多喝水，排骨汤、鱼汤等汤品也要比平时多喝一些。“软”是指食物烧煮方法要以稀软为主。很多新妈妈在坐月子时，牙齿都有松动的现象，所以月子餐应烹调得软烂一些。少吃油炸和坚硬带壳的食物，多用炖煮的方式烹饪食物。

9 煮蛋、蒸蛋补虚弱

鸡蛋富含蛋白质，为许多新妈妈的首选补品。煮鸡蛋或做成蛋羹、蛋花汤是不错的烹饪方法，既能杀灭鸡蛋中的细菌，又能使蛋白适当受热变软，易与胃液混合，有助于消化，是产后新妈妈的补益佳品。

如果产后新妈妈便秘，可以在鸡蛋羹中淋入一点香油，会有一定效果。但过量食用鸡蛋会导致消化不良及胆固醇摄入过高，一般以每天不超过2个鸡蛋为宜。

10 母乳喂养对宝宝健康、妈妈瘦身都有益处

母乳是新妈妈给宝宝准备的珍贵的“粮食”。研究证明，母乳喂养的宝宝要比牛奶喂养的宝宝生病概率低。母乳中有专门抵抗病毒入侵的免疫抗体，可以有效防止6个月之前的宝宝被麻疹、风疹等病毒侵袭，以及预防哮喘之类的过敏性疾病等。母乳不仅为宝宝提供了充足的营养，也提供了最好的亲子共享机会，并有益于促进宝宝的智力发育。

母乳喂养的新妈妈，产后恢复要快很多，因为宝宝的吸吮可以促进子宫的收缩，大大降低乳腺癌的发病概率。有人认为母乳喂养的新妈妈容易乳房下垂，其实两者没有什么关系，只要新妈妈经常按摩乳房，并且戴文胸支撑，可以明显防止乳房变形。此外，母乳喂养是新妈妈产后瘦身的好办法，既给宝宝充足的营养，自己又能变得苗条起来，何乐而不为呢？

母乳中的蛋白质与矿物质含量虽不如牛奶高，但吸收率却大大高于牛奶，使宝宝得到营养的同时，不会增加消化及排泄的负担。对于宝宝的免疫机能建立有重要意义的是产后7天内分泌的初乳（含免疫因子、双歧增殖因子、糖蛋白），新妈妈应尽早地哺育给宝宝。

基于母乳喂养对宝宝和新妈妈的双重益处，国际母乳协会建议，至少要保证纯母乳喂养6个月，如果有条件，完全可以持续到宝宝2岁。

本周必吃的5种食材

由于新妈妈产后数周内脾胃功能处于虚弱状态，因此进食量的增加应采取循序渐进的方式。食物品种要多种多样，新鲜可口，并多喝汤。母乳喂养的新妈妈每日可吃五六餐，每餐应尽量做到干稀搭配，荤素搭配。

推荐食谱：冰糖玉米羹 34 页　南瓜包 24 页　白萝卜海带汤 23 页　肉末蒸蛋 21 页　面条汤卧蛋 23 页　香菇红糖玉米粥 34 页　香菇山药鸡 35 页

豌豆

增强康复能力 豌豆中含有大量的优质蛋白，能够提高产后新妈妈的机体抗病能力和康复能力。

消炎抗菌 豌豆所含的赤霉素和植物凝素等物质，具有抗菌消炎的功效，对于伤口恢复很有帮助。

推荐补品 冰糖玉米羹（见 34 页）

蛋白质

8.9% 蛋白质

维生素 C

胡萝卜素

Zn 锌

南瓜

清除毒素 南瓜内的果胶有很好的吸附性，可以帮助新妈妈清除体内的毒素。

助生长 南瓜中丰富的锌可以参与人体内核酸、蛋白质的合成，是促进生长发育的重要物质。

推荐补品 南瓜燕麦粥（见 22 页）

4%

碳水化合物

白萝卜

通气、助产后恢复 白萝卜具有降气、祛痰、止血等功效，剖宫产排气成功后，进食一定量的白萝卜，对伤口恢复和排气都有好处。

推荐补品 白萝卜海带汤（见23页）

宜喝萝卜汤

将萝卜加水煮开饮用，可促进胃肠蠕动，促进排气，适合剖宫产妈妈食用。

维生素C

蛋白质

鸡蛋

补体力防贫血 鸡蛋中的蛋白质和铁含量很丰富，可以帮助新妈妈尽快恢复体力，预防贫血。新妈妈每天吃2个鸡蛋就足够了。

推荐补品 虾皮鸡蛋羹（见31页）

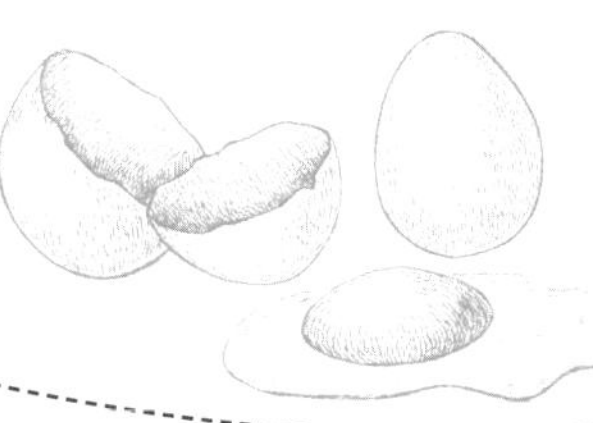

Mg镁

香菇

提高免疫力 香菇中含有多种维生素、矿物质和香菇多糖，对提高机体适应力和免疫力有很大作用。产后的新妈妈急需加强自己抵御病菌的能力。

推荐补品 什菌一品煲（见21页）

第1周饮食宜忌速查

宜补钙、补铁

新妈妈，特别是哺乳妈妈要保证钙和铁的摄入量。每天钙的摄入量为2 000~2 500毫克，铁的摄入量为18毫克。

宜保持饮食多样化

新妈妈千万不要偏食和挑食，要讲究粗细搭配、荤素搭配，保证各种营养的摄入。

不宜只喝小米粥

小米粥虽然很有营养，但只以小米粥为主食而忽视其他营养成分的摄入，容易造成营养不良。

不宜进补人参

人参中所含的人参皂苷对中枢神经系统、心脏及血液有兴奋作用，会使新妈妈出现失眠、烦躁、心神不宁等症状。

不宜长期喝红糖水

过多饮用红糖水会损坏新妈妈的牙齿，还会导致出汗过多，使身体更加虚弱。所以产后喝红糖水的时间以7~10天为宜。

第1天

如果是顺产，且没有出现什么特殊情况，稍加休息后，新妈妈就可以进食了。产后第1餐首选易消化、营养丰富的流质、半流质食物，等到肠胃适应后就可以吃些软食或者普通饭菜了。

早餐

红豆山药粥

原料：红豆、薏米各20克，山药1根，燕麦片适量。

做法：

1 山药削皮，洗净切小块。

2 红豆和薏米洗净后，放入锅中，加适量水，中火烧沸，煮3分钟，转小火，焖30分钟。

3 将山药块和燕麦片倒入锅中，再次用中火煮沸后，转小火焖熟即可。

功效：红豆利尿消肿，有助于改善新妈妈身体的水肿，和山药煮粥，还可滋补开胃。

早餐

奶香南瓜糊

原料：南瓜150克，牛奶适量。

做法：

1 南瓜去皮后切小块，蒸熟。

2 用搅拌机将蒸熟的南瓜块和牛奶打匀成糊状。

3 将南瓜牛奶糊倒入碗中，在表面淋一勺牛奶即可。

功效：奶香南瓜糊香甜可口，能加快胃部的消化，有利于体重控制。

加餐

草莓藕粉

原料：藕粉50克，草莓适量。

做法：

1 藕粉加适量水调匀，锅置火上，加水烧开，倒入调匀的藕粉，用小火慢慢熬煮，边熬边搅动，熬至透明即可。

2 草莓洗净，切成块，放入搅拌机中，加适量水，榨汁。

3 将草莓汁倒入藕粉中，食用时调匀即可。

功效：藕粉益胃健脾、养气补益，且易于消化吸收，营养又不会长胖。

剖宫产术后先排气

剖宫产妈妈手术6小时后，要先排气才可进食。饮食应选择流质食物，如稀粥、藕粉等。

午餐

芥蓝腰果炒香菇

原料： 芥蓝150克，香菇2朵，腰果、红椒片、盐各适量。

做法：

1 芥蓝洗净去皮，切片；香菇洗净后切片；腰果、红椒片洗净沥水。

2 油锅烧热，小火放入腰果炸至变色捞出。

3 另起油锅烧热，煸炒香菇片，炒至水干，加入芥蓝片翻炒至熟，再加入腰果、红椒片和盐翻炒均匀即可。

功效： 腰果含蛋白质、脂肪等，与富含维生素的芥蓝、香菇搭配食用，营养均衡不增重。

加餐

肉末蒸蛋

原料： 鸡蛋2个，猪瘦肉50克，水淀粉、酱油、盐各适量。

做法：

1 鸡蛋打散；猪瘦肉剁成末。

2 鸡蛋液中加入适量清水、盐，搅匀，上锅隔水蒸熟。

3 油锅烧热，下猪瘦肉末炒至松散出油，放入酱油炒匀，加水淀粉勾芡。

4 将炒好的肉末浇在蒸好的蛋羹上即可。

功效： 肉末蒸蛋可为新妈妈补充优质蛋白质，脂肪含量也相对较低，利于产后身体恢复和保持身材。

晚餐

什菌一品煲

原料： 猴头菌、草菇、平菇、香菇各20克，白菜心100克，葱段、盐各适量。

做法：

1 香菇洗净，切去蒂，划十字花刀；平菇洗净切去根部；猴头菌和草菇洗净后切开；白菜心掰成小瓣。

2 锅内放清水、葱段，大火烧开。

3 再放入处理过的香菇、草菇、平菇、猴头菌、白菜心，转小火煲10分钟，加盐调味即可。

功效： 什菌一品煲利于新妈妈开胃、放松心情，营养又不增重。

今日主打食材——蘑菇

蘑菇家族种类繁多，如香菇、平菇、金针菇等，常吃蘑菇有助于提高人体免疫力。

香菇炒鸡蛋

鸡蛋打散入油锅炒熟盛出；香菇切片入油锅翻炒片刻，放入鸡蛋炒匀，加盐调味即可。

凉拌金针菇

金针菇焯水，加生抽、盐、醋拌匀即可。

第2天

剖宫产妈妈或会阴侧切的新妈妈可能会因为身体的疼痛而无心吃饭，而且此时新妈妈的肠胃功能也处于恢复状态，饮食还是要以清淡为主，可适当进食谷类、牛奶、水果等。另外，新妈妈还要多给宝宝哺乳，一来能帮助子宫收缩，再者能促进恶露排出。

早餐

红糖小米粥

原料：小米50克，红糖适量。

做法：

1 小米洗净，放入锅中加适量清水大火烧开，转小火慢慢熬煮至小米开花。

2 加入红糖搅拌均匀，继续熬煮几分钟即可。

功效：红糖有补血功效；小米可健脾胃、补虚损，适宜刚生产完的新妈妈食用。

早餐

南瓜燕麦粥

原料：燕麦片30克，大米50克，南瓜40克。

做法：

1 南瓜削皮洗净，切块；大米洗净，清水浸泡半小时。

2 将大米放入锅中，加适量水，大火煮沸后转小火煮20分钟；然后放入南瓜块，小火煮10分钟；再加入燕麦片，继续用小火煮10分钟即可。

功效：此粥营养丰富，既能滋补身体，又可以促进消化，排出身体毒素，利于新妈妈控制体重。

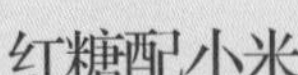

红糖配小米

红糖、小米是传统坐月子的常用食材，搭配食用能为新妈妈迅速补充气血。

加餐

木瓜牛奶露

原料：木瓜100克，牛奶250毫升，冰糖适量。

做法：

1 木瓜洗净，去皮、去子，切成小块。

2 木瓜块放入锅内，加适量水，水没过木瓜即可，大火熬煮至木瓜熟烂。

3 放入牛奶和冰糖，与木瓜一起大火煮开，再煮至汤微沸即可。

功效：牛奶和木瓜利于新妈妈解除疲劳，宁神安眠，对新妈妈保持身材也很有帮助。

午餐

面条汤卧蛋

原料：面条100克，羊肉50克，鸡蛋1个，油菜、葱花、姜丝、香油、盐各适量。

做法：

1 羊肉切丝，用盐、姜丝和香油拌匀腌制20分钟；油菜洗净。

2 锅中加水烧开，下面条，将开时，将鸡蛋卧入汤中并转小火。

3 待鸡蛋熟、面条断生时，加羊肉丝和油菜煮熟，最后撒葱花即可。

功效：面条是北方新妈妈坐月子的必备食物，搭配鸡蛋和羊肉能补充体力。

加餐

白萝卜海带汤

原料：水发海带50克，白萝卜100克，盐适量。

做法：

1 水发海带洗净切成丝；白萝卜洗净去皮切丝。

2 将海带丝、白萝卜丝一同放入锅中，加适量清水，大火煮沸后转小火煮至海带熟透。

3 出锅时加盐调味即可。

功效：白萝卜有促进肠胃蠕动的作用，可加快排气，减少腹胀，并使大小便通畅。

晚餐

西芹百合

原料：西芹200克，百合50克，盐、水淀粉、红椒丝、黄椒丝各适量。

做法：

1 西芹洗净，择去叶、老筋，切成段；百合去蒂，掰成小片。

2 油锅烧热，下入西芹段翻炒至熟，放入百合片、盐翻炒均匀，倒入水淀粉勾芡，盛出后用红椒丝、黄椒丝点缀即可。

功效：西芹百合开胃安神；百合可以加快皮肤细胞的新陈代谢，帮助新妈妈拥有好肌肤。

今日主打食材——西芹

西芹含有丰富的膳食纤维，可预防便秘，也可消耗体内多余脂肪，利于心血管健康。

西芹炒虾仁

虾仁用料酒腌制片刻，入油锅滑炒至变色；加入西芹段炒熟，加盐即可。

西芹炒鸡柳

鸡胸肉切丝入油锅煸炒至变色；加入西芹段、红椒丝炒至熟，加盐调味即可。

食用西芹时尽量留取芹菜叶。

第3天

产后第3天开始分泌乳汁了，充足乳汁的来源要靠新妈妈均衡的营养摄入，因此哺乳妈妈应多吃营养丰富的食物和汤类。哺乳妈妈不仅要补充足够的蛋白质、碳水化合物、脂肪，还需要增加丰富的矿物质和维生素，以提高乳汁质量，以满足宝宝身体发育需求。

早餐

小米桂圆粥

原料：小米50克，桂圆肉20克，红糖适量。

做法：

1 小米、桂圆肉分别洗好后浸泡1小时。

2 将小米、桂圆肉和泡米水放入锅中，加适量水，大火煮沸后换小火煮30分钟。

3 最后放入红糖搅拌均匀即可。

功效：桂圆补气养神；小米易消化；红糖利于排恶露，因此，此粥很适合产后新妈妈食用。

早餐

水果黑米饭

原料：黑米30克，红枣6颗，葡萄干10粒，苹果半个。

做法：

1 黑米洗净，浸泡3小时；苹果去皮后洗净，切块。

2 泡米水和黑米倒入锅内，大火煮开后改小火煮30分钟。

3 放入红枣、葡萄干和苹果块，再煮10分钟后关火即可。

功效：水果黑米饭热量低，并能补充人体所需维生素，让新妈妈更加美丽。

加餐

南瓜包

原料：糯米粉100克，南瓜60克，白糖、红豆沙各适量。

做法：

1 南瓜去皮、去子，洗净，切块，微波炉加热10分钟后用勺子压成泥，加糯米粉、白糖和成面团。

2 将适量红豆沙包入面团中制成饼坯，上锅蒸10分钟即可。

功效：南瓜能润肺益气、缓解便秘，做成香糯的南瓜包，好吃又不长胖。

剖宫产妈妈哺乳

剖宫产妈妈的乳汁比顺产妈妈来得晚，这很正常，让宝宝多吮吸，乳汁就会顺利产出。

午餐

猪排黄豆芽汤

原料：排骨 250 克，黄豆芽 100 克，葱段、姜片、盐各适量。

做法：

1 排骨洗净，斩成小段，汆水去血沫，捞出用水洗净。

2 砂锅中放适量水，将汆好的排骨段、葱段、姜片放入砂锅内，小火慢炖 1 小时。

3 放入黄豆芽，大火煮沸后转小火继续炖至黄豆芽熟透，加盐调味即可。

功效：排骨强壮筋骨，黄豆芽解脾胃郁热，荤素搭配，热量不超标。

加餐

豆浆莴笋汤

原料：莴笋 100 克，豆浆 200 毫升，姜片、葱段、盐各适量。

做法：

1 将莴笋去皮洗净，切条。

2 油锅烧热，放姜片、葱段，煸炒出香味，放入莴笋条，大火翻炒一下。

3 拣去姜片、葱段，倒入豆浆，加盐煮熟即可。

功效：莴笋富含维生素 E，能延缓衰老；豆浆有滋阴润燥、补虚之效，适合新妈妈产后补虚、养颜。

晚餐

黑芝麻瘦肉汤

原料：猪瘦肉 200 克，熟黑芝麻 10 克，胡萝卜、姜片、盐各适量。

做法：

1 猪瘦肉洗净，切小块；胡萝卜去皮洗净，切花刀片。

2 油锅烧热，放姜片爆香，再放入猪瘦肉块炒至八成熟，加入胡萝卜片翻炒片刻加适量水炖煮至肉烂，关火。

3 拣出姜片，加盐调味，撒入熟黑芝麻即可。

功效：猪瘦肉富含蛋白质，与胡萝卜、黑芝麻煮汤营养搭配更均衡。

今日主打食材——猪肉

猪肉是餐桌上常见的肉类，具有补虚强身、滋阴润燥的作用，新妈妈宜吃猪瘦肉，不易长胖。

猪肉白菜饺子

猪肉剁泥，加入白菜碎、葱末、姜末、盐、酱油、五香粉、植物油拌匀做馅，包成饺子煮熟即可。

白菜猪肉炒木耳

猪肉切片入油锅煸炒变色；加入泡发好的木耳、白菜段炒熟，加盐调味即可。

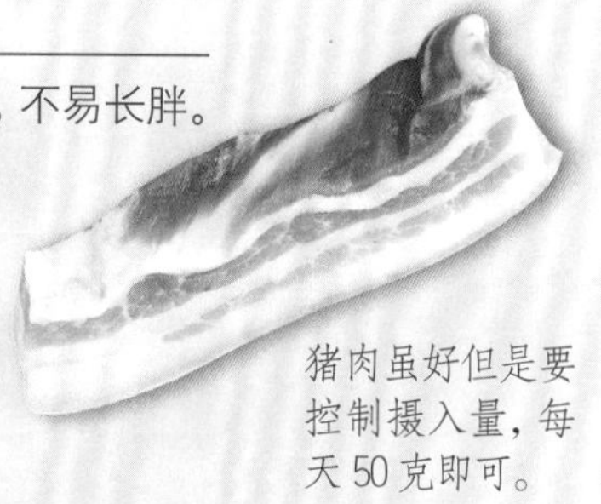

猪肉虽好但是要控制摄入量，每天 50 克即可。

第4天

分娩已经耗费了新妈妈很多精力和体力，此时还要每天照顾宝宝，特别是晚上给宝宝喂奶，会让新妈妈睡得不踏实，睡眠质量下降，不利于身体恢复。因此，新妈妈平时可以吃些小米、牛奶等安神助眠的食物。

早餐

牛奶梨片粥

原料：大米50克，牛奶250毫升，蛋黄1个，梨1个，柠檬、白糖各适量。

做法：

1 将梨去皮、去核，切成厚片，加白糖蒸15分钟。

2 柠檬榨汁，淋在梨片上，拌匀。

3 牛奶加糖烧沸，放入大米，煮开后用小火焖成稠粥，再放入蛋黄，熟后离火。

4 盛入碗中，铺数块梨片即可。

功效：牛奶梨片粥开胃，又能给新妈妈补充多种营养。

早餐

胡萝卜小米粥

原料：小米、胡萝卜各50克。

做法：

1 小米洗净；胡萝卜去皮洗净，切丁。

2 锅中放水，加入小米、胡萝卜丁大火同煮。

3 煮沸后转小火继续熬煮，煮至胡萝卜丁绵软、小米开花即可。

功效：小米熬粥滋补又不长胖，与胡萝卜搭配，可益肝明目、调理肠胃。

加餐

蔬菜豆皮卷

原料：豆皮1张，绿豆芽、胡萝卜、紫甘蓝各30克，盐、香油各适量。

做法：

1 紫甘蓝、胡萝卜分别洗净，均切丝；绿豆芽洗净。

2 将除豆皮外的所有食材用开水焯熟，加盐和香油拌匀。

3 拌好的原料均匀地放在豆皮上，卷起，入蒸锅蒸熟，放凉后切成小卷即可。

功效：蔬菜豆皮卷，热量低营养高，让新妈妈拥有好食欲。

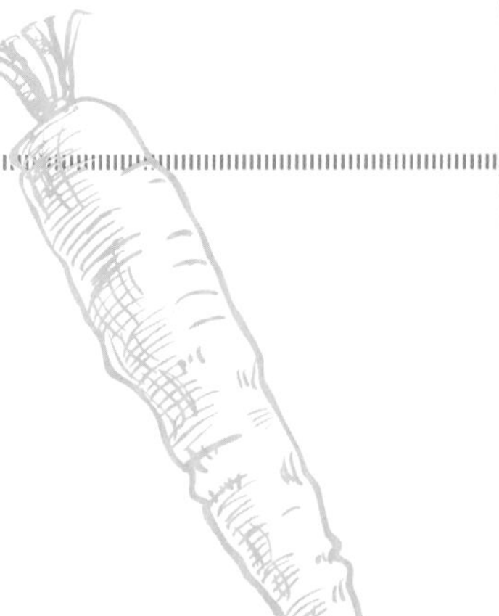

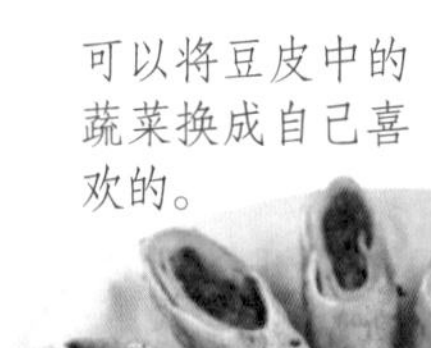

剖宫产妈妈睡眠

术后疼痛容易让新妈妈失眠，可在睡前通过按摩、提前半小时调节室内灯光等方式，帮助睡眠。

午餐

冬笋雪菜黄鱼汤

原料：冬笋、雪菜各20克，黄花鱼1条，葱末、姜片、盐、料酒各适量。

做法：

1 黄花鱼处理后洗净切块，用料酒腌20分钟。

2 冬笋洗净切片；雪菜洗净切碎。

3 油锅烧热，放入黄花鱼块稍煎。

4 锅中加清水，放冬笋片、雪菜碎、姜片，大火烧开后改中火煮15分钟，出锅前放盐调味，撒上葱末即可。

功效：鱼肉脂肪含量低，能为新妈妈补充优质蛋白，让新妈妈的精力更充沛。

加餐

鸡蓉玉米羹

原料：鸡胸肉100克，玉米粒50克，鸡蛋1个，盐适量。

做法：

1 玉米粒洗净；鸡胸肉洗净，切成和玉米粒大小相近的丁；鸡蛋打散。

2 锅中加水、玉米粒、鸡胸肉丁，大火煮开，撇去浮沫，加盖转中火继续煮30分钟。

3 将蛋液沿锅边倒入，待蛋液煮熟后加盐调味即可。

功效：鸡肉肉质鲜嫩，与富含膳食纤维的玉米搭配，软硬合适，且利于体重控制。

晚餐

茄汁菜花

原料：菜花150克，番茄100克，蒜末、盐、番茄酱适量。

做法：

1 菜花掰小朵洗净，用开水焯烫片刻，捞出过冷水备用；番茄洗净切块。

2 油锅烧热，放蒜末爆锅，放入番茄煸炒出汤汁，加番茄酱继续翻炒。

3 放入焯好的菜花，加盐炒匀即可出锅。

功效：茄汁菜花酸甜开胃，新妈妈晚餐适合食用这样的低热量食物。

今日主打食材——玉米

玉米中富含铜元素，有助于安眠，同时可加强胃肠蠕动，促进体内废物排出，塑造好身材。

煮玉米

将带皮的新鲜嫩玉米洗净放到锅里，加水没过玉米，煮熟即可。

玉米排骨汤

排骨洗净切段，汆水后放入高压锅中，放入玉米段、葱段、姜片煮熟后，加盐调味即可。

水果玉米更适合熬汤食用。

烹调方式

在给新妈妈制作月子餐的时候，应多用炖、煮、蒸等方式，尽量少用煎、炸等方式烹调。

早餐

桂花板栗小米粥

原料：小米 60 克，板栗 50 克，糖桂花适量。

做法：

1 板栗洗净，加水煮熟，去壳压成泥；小米洗净，泡 1 小时。

2 将小米放入锅中，适量加水，小火煮成粥，加入板栗泥，撒上糖桂花，食用时拌匀即可。

功效：板栗补钙强肾；桂花养心安神；小米补血益气，此粥适合产后体虚的新妈妈食用。

早餐

葡萄干苹果粥

原料：大米 50 克，苹果 1 个，葡萄干 20 克，蜂蜜适量。

做法：

1 大米洗净沥干，备用。

2 苹果去皮洗净，切小方丁，立即放入清水中，以免氧化变黑。

3 锅内放入大米，与苹果一同煮沸，改小火煮 40 分钟。

4 食用时晾温加入蜂蜜、葡萄干，搅拌均匀即可。

功效：此粥可增强记忆力，促进消化，促进排泄，减少体内多余脂肪的囤积。

加餐

阿胶核桃仁红枣羹

原料：阿胶 10 克，核桃仁 15 克，红枣 3 颗。

做法：

1 核桃仁去皮，掰小块；红枣洗净，去核；阿胶砸成块，阿胶块加入 20 毫升水放入瓷碗中，隔水蒸化。

2 红枣、核桃仁块放入砂锅内加清水慢煮。

3 将蒸化后的阿胶放入锅内，与红枣、核桃仁略煮即可。

功效：此羹营养全面，对新妈妈产后康复和催乳都十分有益。

尽量不用止痛药

剖宫产妈妈尽量别用止痛药，否则会影响乳汁的质量，为了宝宝的健康，新妈妈要忍耐一下。

午餐

虾仁馄饨

原料：虾仁、猪肉各 50 克，胡萝卜 30 克，馄饨皮 10 张，盐、葱花、香油、姜片各适量。

做法：

1 将虾仁、猪肉、胡萝卜、姜片放在一起剁碎，加入香油、盐拌匀成馅。

2 把做成的馅料包入馄饨皮中。

3 将馄饨煮熟，盛入碗中，再加盐、葱花、香油调味即可。

功效：虾仁脂肪少，却富含蛋白质和钙，做成馄饨，让新妈妈更有食欲，且易于消化。

加餐

豆腐馅饼

原料：面粉 100 克，豆腐 80 克，白菜 50 克，姜末、葱末、盐各适量。

做法：

1 豆腐、白菜切碎后加入姜末、葱末、盐调成馅料。

2 面粉加水调成面团，擀成面皮，加入馅料，做成馅饼。

3 油锅烧热，将馅饼煎至两面金黄即可。

功效：豆腐营养丰富，且易消化、热量低，很适合新妈妈食用。

晚餐

丝瓜炒金针菇

原料：丝瓜 100 克，金针菇 20 克，水淀粉、盐各适量。

做法：

1 丝瓜洗净，去皮，切段，加盐腌片刻。

2 金针菇洗净，用开水焯烫一下，迅速捞出并沥干水分。

3 油锅烧热，放入丝瓜段，快速翻炒几下，放入金针菇同炒，加盐调味。

4 出锅前加水淀粉勾芡，翻炒均匀即可。

功效：丝瓜利水消肿，能减轻新妈妈产后水肿，和金针菇搭配营养更美味。

今日主打食材——丝瓜

丝瓜中含防止皮肤老化、增白皮肤的维生素，能保护皮肤、消除斑块，还能消肿，减轻体重。

清炒丝瓜

蒜末入油锅炒香，倒入处理好的丝瓜块，加盐翻炒，炒至丝瓜心完全变白即可。

丝瓜蛋汤

鸡蛋煎好切丝；丝瓜去皮切块，入锅煸炒一会儿，加水煮沸，加入鸡蛋丝、盐略煮即可。

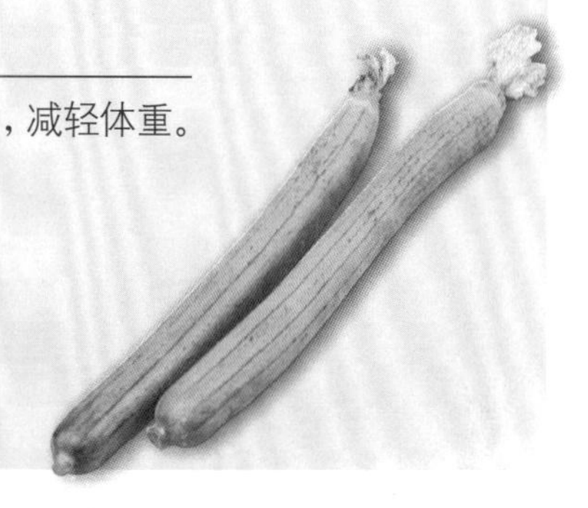

第5天

雌激素对人的情绪有很大影响，分娩后新妈妈身体内的雌激素会降低，很容易发生抑郁性的心理异常表现，情绪容易激动、不安和低落。出现产后抑郁对新妈妈身体的恢复和哺乳都有影响，此时，新妈妈可多吃些鱼肉和海产品，有抗抑郁作用。

早餐

鲜滑鱼片粥

原料：草鱼净肉100克，大米30克，猪骨50克，腐竹15克，淀粉、盐、姜丝、葱丝各适量。

做法：

1 猪骨、大米、腐竹分别洗净，放入砂锅，加水用大火烧开，然后用小火慢熬，加盐调味，拣出猪骨。

2 草鱼净肉切片，用盐、淀粉、姜丝拌匀，入粥锅煮熟，撒葱丝即可。

功效：此粥具有益气、下乳的功效，尤其适合哺乳妈妈食用。

早餐

番茄面片汤

原料：番茄100克，面片50克，高汤、盐、香油各适量。

做法：

1 番茄用热水烫一下，去皮，切片。

2 炒香番茄片后加入高汤烧开，加入面片。

3 再煮3分钟后，加盐、香油调味即可。

功效：酸甜的面片汤能增强新妈妈食欲，还能缓解产后郁闷的心情。

面片好消化，适合产后初期新妈妈食用。

加餐

银鱼苋菜汤

原料：银鱼、苋菜各100克，姜末、蒜末、盐各适量。

做法：

1 银鱼洗净，沥干水分；苋菜洗净，切段。

2 油锅烧热，放蒜末、姜末爆香，放入银鱼快炒，再下入苋菜段，炒至苋菜段微软。

3 倒入清水，大火烧沸后煮5分钟，加盐调味即可。

功效：银鱼富含蛋白质、钙、磷，可滋阴补虚，而且此汤热量低又不会让新妈妈长胖。

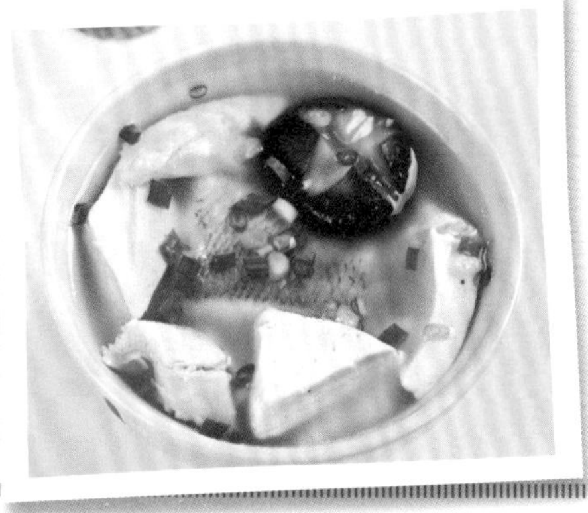

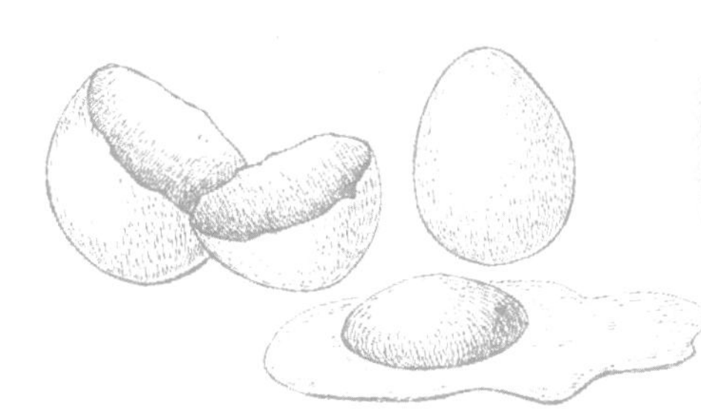

坏情绪不利哺乳

哺乳妈妈生气、疲惫时，乳汁量会变少甚至变色，这时别给宝宝喂奶，等情绪缓和后再喂宝宝。

午餐

鲈鱼豆腐汤

原料：鲈鱼 1 条，豆腐、香菇各 20 克，姜片、葱花、盐各适量。

做法：

1 鲈鱼去骨、去刺，洗净后切块；豆腐切块；香菇去蒂，洗净后切十字刀。

2 锅中加水、姜片烧开，放入豆腐块、鱼肉块、香菇。

3 炖熟后加盐调味，撒上葱花即可。

功效：鲈鱼滋养身体；豆腐容易消化，可以为新妈妈补营养而不增重。

加餐

虾皮鸡蛋羹

原料：鸡蛋 1 个，青菜 30 克，虾皮 5 克，香油、盐各适量。

做法：

1 青菜洗净，切碎；虾皮洗净，沥干水。

2 鸡蛋打散，加水打匀，加入青菜碎、虾皮、盐拌匀。

3 放入蒸锅隔水蒸 15 分钟左右，出锅时滴入香油即可。

功效：虾皮的鲜味能提高新妈妈的食欲，其中的钙质还能增强体质。

晚餐

干贝冬瓜汤

原料：冬瓜 150 克，干贝 50 克，盐、姜末各适量。

做法：

1 冬瓜去皮、去子，洗净后切片；干贝洗净，浸泡 30 分钟。

2 碗中放入干贝、清水，水没过干贝即可，上锅大火蒸 30 分钟，晾凉后撕小块。

3 将冬瓜片、干贝块放入锅中，加水煮至冬瓜熟，撒入姜末继续煮 1 分钟后加盐调味即可。

功效：冬瓜可利水消肿，能帮助新妈妈减轻体重；干贝有助于抗抑郁。

今日主打食材——干贝

干贝脂肪含量很低，味道鲜美，可食疗防头晕目眩、脾胃虚弱，还能缓解抑郁情绪。

干贝芙蓉蛋

干贝泡发后蒸熟；鸡蛋打散后做成鸡蛋羹，撒上干贝即可。

干贝煸菜花

干贝泡发后入油锅煸炒 2 分钟；加入洗净的菜花炒熟，出锅前加葱花即可。

第6天

新妈妈一天可多吃几餐，但每餐不要吃得过饱。特别是剖宫产妈妈，手术中肠道受到了刺激，胃肠正常功能被抑制。若多食容易出现便秘，而且容易造成产气增多，腹压增高，不利于身体康复。

早餐

番茄烧豆腐

原料：番茄 100 克，豆腐 50 克，盐、白糖各适量。

做法：

1 番茄洗净，切片；豆腐切成长方块。

2 油锅烧热，放入番茄片炒 2 分钟。

3 再放入豆腐块，加入盐和白糖，略炒即可。

功效：此菜是身体虚弱、口味欠佳的新妈妈不可错过的健康美食。

早餐

三文鱼粥

原料：三文鱼、大米各 50 克，盐适量。

做法：

1 三文鱼洗净，剁成鱼泥；大米洗净，浸泡 30 分钟。

2 锅置火上，放入大米和适量水，大火烧沸后改小火，熬煮成粥。

3 待粥煮熟时，放入鱼泥，加盐调味，略煮片刻即可。

功效：三文鱼有补脑的功效，通过乳汁，可以让宝宝更聪明。

加餐

生姜枸杞红糖汤

原料：枸杞 10 克，生姜 25 克，红糖适量。

做法：

1 将枸杞洗净；生姜洗净，切片。

2 姜片放入锅内加水煮开，拣出姜片，放入枸杞煮 10 分钟。

3 放适量红糖，趁热服下。

功效：此汤可驱寒、散热，能促进新妈妈血脉流畅。

产后新妈妈喝红糖水的时间以 7~10 天为宜。

穿大一号内裤

为了更好地保护伤口，剖宫产妈妈可以选择大一号的高腰内裤，这会让伤口感觉更舒服。

午餐

归枣牛筋花生汤

原料：牛蹄筋100克，花生仁50克，红枣5颗，当归5克，盐适量。

做法：

1. 牛蹄筋洗净，浸泡4小时，切条；花生仁、红枣洗净；当归洗净，浸泡30分钟，切薄片。
2. 砂锅中加水，放入牛蹄筋条、花生仁、红枣、当归片大火烧沸，转小火炖至牛蹄筋熟烂，加盐调味即可。

功效：此汤可以益气补血、强筋壮骨，让新妈妈恢复快、不长胖。

加餐

红豆酒酿蛋

原料：红豆50克，糯米酒200毫升，鸡蛋1个，红糖适量。

做法：

1. 红豆洗净，用清水浸泡1小时；鸡蛋打散成蛋液。
2. 将浸泡好的红豆和清水一同放入锅内，用小火将红豆煮烂。
3. 糯米酒倒入红豆汤内，烧开。
4. 倒入鸡蛋液，待鸡蛋凝固熟透后，加入适量红糖即可。

功效：产后气血虚弱的新妈妈可以吃红豆酒酿蛋来调养身体。

晚餐

西蓝花鹌鹑蛋汤

原料：西蓝花100克，火腿50克，鹌鹑蛋8个，香菇、番茄、盐各适量。

做法：

1. 西蓝花切小朵，用开水焯烫；鹌鹑蛋煮熟、剥皮；香菇去蒂，洗净，切十字刀；火腿切丁；番茄切小块。
2. 锅中加水，放香菇、火腿丁大火煮沸，转小火再煮10分钟。
3. 将鹌鹑蛋、西蓝花、番茄块放锅中，汤沸时加盐调味即可。

功效：鹌鹑蛋可补五脏，通经活血，强身健脑，补益气血。

今日主打食材——鹌鹑蛋

鹌鹑蛋有通经活血、益气补血的功效，且其营养素易于吸收，适合产后初期食用。

鹌鹑蛋烧豆腐

鹌鹑蛋煮熟剥皮；豆腐块焯水后入油锅炒，加入豆瓣酱、葱姜末、适量水，放入鹌鹑蛋煮5分钟。

糖醋鹌鹑蛋

鹌鹑蛋煮熟入油锅炸至金黄；另起油锅烧热，放入番茄酱、醋、白糖调成汁，加入鹌鹑蛋，翻炒至汤汁收干即可。

预防过敏

新妈妈在产前没有吃过的食物应谨慎选择，以免出现食物过敏情况，影响哺乳和身体恢复。

早餐

荔枝红枣粥

原料：荔枝30克，红枣2颗，大米50克。

做法：

1 大米洗净，清水浸泡30分钟；荔枝去壳、去核，取肉，洗净；红枣洗净。

2 将大米与荔枝肉、红枣放入锅内，加清水，大火煮沸，转小火煮至米烂粥稠即可。

功效：红枣可宁心安神，增强食欲；荔枝可增强免疫功能，此粥可为新妈妈增强体质。

早餐

香菇红糖玉米粥

原料：香菇、玉米粒各50克，大米50克，红糖适量。

做法：

1 香菇洗净，切丁；玉米粒洗净；大米洗净，浸泡30分钟。

2 锅置火上，放入大米和适量水，大火烧沸后改小火煮15分钟；放入香菇丁、玉米粒、红糖继续熬煮，煮至粥黏稠即可。

功效：此粥能够促进新妈妈的新陈代谢，帮助新妈妈排出体内瘀血，还有助于恢复身材。

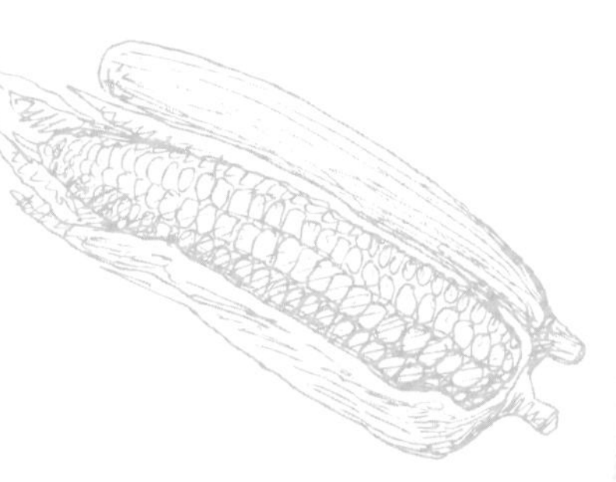

加餐

冰糖玉米羹

原料：玉米粒100克，豌豆30克，鸡蛋1个，菠萝肉20克，枸杞15克，冰糖、水淀粉各适量。

做法：

1 将玉米粒、豌豆、枸杞分别洗净；菠萝肉洗净，切丁。

2 锅中加入适量水，将玉米粒倒入，煮熟烂，放入菠萝丁、豌豆、枸杞、冰糖，同煮5分钟，用水淀粉勾芡，使汁变浓稠。

3 将鸡蛋打碎，倒入锅内成蛋花，烧开后食用即可。

功效：此羹红、黄、绿三色搭配，既保证营养，又提高了食欲。

五彩的食材搭配让新妈妈食欲大增。

适当吃些香油

香油中富含不饱和脂肪酸，能促使子宫收缩和恶露排出，还有软便作用，可预防新妈妈便秘。

午餐

香菇山药鸡

原料：山药 100 克，鸡腿 150 克，干香菇 6 朵，料酒、酱油、白糖、盐各适量。

做法：

1 山药洗净，去皮，切厚片；干香菇用温水泡软，去蒂，切块。

2 将鸡腿洗净，剁块，汆烫，去血沫后冲净。

3 鸡腿块、香菇块放锅内，加料酒、酱油、白糖、盐和适量水同煮。

4 开锅后转小火，10 分钟后放入山药片，煮至汤汁稍干即可。

功效：鸡肉、香菇可提高抵抗力；山药促进脾胃消化吸收，三者同食可补养身体。

加餐

西葫芦鸡蛋饼

原料：西葫芦 250 克，面粉 150 克，鸡蛋 3 个，盐适量。

做法：

1 鸡蛋打散，加盐调味；西葫芦洗净，切丝。

2 将西葫芦丝和面粉放入蛋液中，搅拌均匀成面糊，如果面糊稀了就加适量面粉，如果稠了就加蛋液。

3 油锅烧热，倒入面糊，煎至两面金黄即可。

功效：西葫芦富含维生素 C，与鸡蛋搭配更利于营养吸收，好吃又不易长胖。

晚餐

香油芹菜

原料：芹菜 100 克，当归 2 片，枸杞、盐、香油各适量。

做法：

1 当归加水熬煮 5 分钟，滤渣取汁备用。

2 芹菜择洗干净，切段，焯熟；枸杞用凉开水浸洗 10 分钟。

3 芹菜段用盐和当归水腌片刻，再放入少量香油，腌制入味后盛盘，撒上枸杞即可。

功效：芹菜段的热量很低，不仅能补铁，还能缓解便秘，配以香油，味道更加鲜美，利于产后瘦身。

今日主打食材——西葫芦

西葫芦热量低，富含磷、铁、维生素 A 和维生素 C，能调节人体新陈代谢，有减肥、防癌之效。

西葫芦炒鸡蛋

鸡蛋打散炒熟备用；西葫芦洗净切片，入油锅炒熟后加熟鸡蛋、盐搅拌均匀即可。

西葫芦炒虾仁

虾仁用盐、料酒腌制后入油锅煸炒至变色；加入西葫芦片、盐翻炒至熟即可。

将西葫芦和面混合做成饼，更易消化吸收。

第7天

剖宫产妈妈术后拆线的时间根据伤口恢复的程度不同而定，如果剖宫产妈妈身体没有异常，横切口的一般在术后5天拆线，纵切口的在术后7天拆线。此时，新妈妈可以适量吃些新鲜的水果和蔬菜，以促进伤口恢复。

早餐

红薯粥

原料：红薯100克，大米50克。

做法：

1. 红薯洗净，去皮，切成块；大米洗净，用清水浸泡30分钟。
2. 将泡好的大米和红薯块放入锅中同煮，大火煮沸后转小火煮至米烂粥稠即可。

功效：红薯富含多种维生素和膳食纤维，能帮助新妈妈排毒美容。用红薯当主食还有助于瘦身。

早餐

猪肝油菜粥

原料：熟猪肝50克，油菜、大米各50克，香油、盐、姜末各适量。

做法：

1. 大米洗净，清水浸泡30分钟；熟猪肝切片；油菜洗净，切段。
2. 锅内加清水，放大米煮至米烂，放油菜段、猪肝片同煮，煮软烂后关火。
3. 加盐、香油调味，撒姜末即可。

功效：猪肝补血；油菜能促进肠胃蠕动，荤素搭配，有利于控制体重。

加餐

紫菜鸡蛋汤

原料：鸡蛋1个，紫菜10克，虾皮、葱花、盐、香油各适量。

做法：

1. 将紫菜撕成片；鸡蛋打匀成蛋液，加盐后搅匀。
2. 锅里倒入清水，水沸后放入虾皮略煮，再倒入鸡蛋液，搅拌成蛋花，放入紫菜片，用中火煮3分钟。
3. 出锅前放入盐，撒上葱花，淋入香油即可。

功效：紫菜有“营养宝库”之称，与鸡蛋一起做汤清淡可口。

饮食预防腹泻

食用肉类、动物肝脏、蛋类、奶类及鱼类食物时应烧熟煮透，以免引起腹泻。

午餐

莲子猪肚汤

原料：猪肚 150 克，莲子 30 克，姜片、淀粉、盐各适量。

做法：

1 莲子去心，用清水浸泡 30 分钟；猪肚用淀粉反复揉洗。

2 将猪肚放入沸水中稍煮片刻，去掉猪肚内的筋膜，切条。

3 锅中加水煮沸，下入猪肚条、莲子、姜片同煮。

4 待水再沸，撇去浮沫，转小火继续炖煮 2 小时，最后加盐调味即可。

功效：猪肚补脾胃，莲子健脾益气，可让新妈妈气色更好。

加餐

薏米红枣百合汤

原料：薏米 100 克，百合 20 克，红枣 4 颗。

做法：

1 薏米洗净，用清水浸泡 4 个小时；百合洗净，掰片；红枣洗净备用。

2 将泡好的薏米和适量的水放入锅中，大火煮开后转小火继续熬煮 1 小时。

3 放入百合片、红枣，继续熬煮 30 分钟即可。

功效：薏米与红枣同煮，有补血功效，新妈妈也不用担心会长胖。

晚餐

香菇油菜

原料：干香菇 6 朵，油菜 250 克，盐适量。

做法：

1 油菜洗净，切段，梗、叶分开放置。

2 干香菇用温开水泡开，洗净后去蒂。

3 油锅烧热，放入香菇和泡香菇的水炒至香菇将熟。

4 放入油菜梗炒软，再放入油菜叶、盐炒熟即可。

功效：油菜富含钙、铁等微量元素，可减轻腿部抽筋、头晕失眠症状；香菇油菜热量低，适合晚餐食用。

今日主打食材——油菜

油菜含钙量丰富，且富含胡萝卜素，可增强人体免疫力，对于新妈妈控制体重也很有帮助。

清炒油菜

油锅烧热后爆香葱花，放入洗净切好的油菜段翻炒(不宜炒时间太长)，加盐出锅即可。

海米油菜

海米浸泡后同葱花一起入油锅爆香，加入洗后切好的油菜段翻炒至熟，加盐出锅即可。

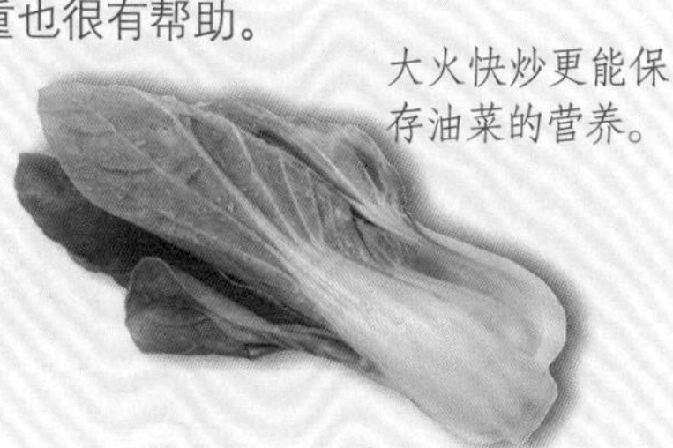

大火快炒更能保存油菜的营养。

第2周

新妈妈的身体变化

乳房

宝宝的“粮袋”——乳房的保健是非常重要的。产后首先要做的是保持乳房的清洁，新妈妈必须经常清洁乳房，每次喂奶之前，都要将乳房擦洗干净。

胃肠

产后第2周，胃肠已经慢慢适应产后的状况了，但是对于非常油腻的汤水和食物多少还有些不适应，新妈妈不妨荤素搭配来吃，慢慢增强脾胃功能。

子宫

在分娩刚刚结束时，因子宫颈充血、水肿，会变得非常柔软，子宫颈壁也很薄，皱起来如同一个袖口，1周之后才会恢复到原来的形状，第2周时子宫颈内口会慢慢关闭。

伤口及疼痛

侧切和剖宫产的伤口在这周内还会隐隐作痛，下床走动、移动身体时都有撕裂的感觉，但是疼感没有第1周时强烈，是可以忍受的。

恶露

这周的恶露明显减少，颜色也由鲜红色变成了浅红色，会有血腥味，但不臭，新妈妈要留心观察恶露的质和量、颜色及气味的变化，以便掌握子宫恢复情况。

产后第2周调养方案

新妈妈在经过第1周的调养，身体和情绪上都有了明显的好转，渐渐适应了产后的规律生活，体力也慢慢恢复了，胃口也有所好转。本周需要调理气血，可适当吃些补气血以及补钙的食物，如红枣、动物肝脏、豆腐等。但由于恶露还未全部排净，新妈妈仍不宜大补。

1 循序渐进催乳

产后催乳应根据新妈妈自身的生理变化特点循序渐进，不宜操之过急。尤其是刚刚生产后，胃肠功能尚未恢复，乳腺才开始分泌乳汁，乳腺管还不够通畅，不宜食用大量油腻的催乳食物。在烹调中也应少用煎炸方式；食物要以清淡为宜；遵循“产前宜清，产后宜温”的传统；少食寒凉食物，避免进食影响乳汁分泌的麦芽、韭菜等。

2 补血

进入月子的第2周，新妈妈的伤口基本上愈合了，胃口也明显好转。此时可以尽量吃一些传统补血食物，以调理气血，促进内脏收缩，如猪心、红枣、猪肝、红衣花生、枸杞等。

3 吃点山楂更开胃

有些新妈妈食欲缺乏、口干舌燥、饭量减少，适当吃些山楂，能够增进食欲、帮助消化，有利于身体康复。

营养又不增重的月子餐每日推荐

随着宝宝对乳汁需求的增多，哺乳妈妈消耗的热量也越来越多，第2周新妈妈每天摄入的热量可以酌情增加至2 100~2 200千卡。但因为种种原因不能母乳喂养的新妈妈，热量最好控制在1 700千卡以内。

450千卡 早餐 + **200千卡** 加餐 + **700千卡** 午餐 +

早餐 紫菜鸡蛋饼（做法见48页），热量为250千卡。

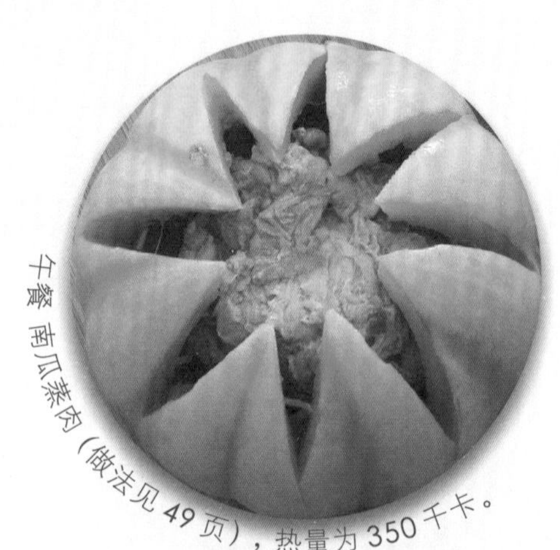

午餐 南瓜蒸肉（做法见49页），热量为350千卡。

4 及时补钙

怀孕后期以及产后 3 个月，新妈妈体内的钙流失量较大。哺乳期妈妈每天分泌约 700 毫升的乳汁，平均每天丢失钙 21~24 毫克，所以新妈妈宜及时补钙。中国营养学会推荐，哺乳期妈妈每天适宜的钙摄入量为 1 200 毫克，而通过食物摄入是最安全可靠的方法。含钙高的食物有牛奶、酸奶、奶酪、豆腐、海带、虾皮、芝麻酱、油菜等。

5 优质蛋白，滋补不长胖

产后的第 2 周回到家中，看护宝宝的工作量增加，体力消耗较前一周大，伤口开始愈合。饮食上应注意多补充优质蛋白质，但仍要以鱼、虾、蛋、豆制品为主，可比上一周增加些鸡肉、瘦肉等，这些食物都富含蛋白质，但脂肪含量相对较少，不会让新妈妈长胖。本周食谱应多注意口味方面的调节，防止新妈妈厌食，晚餐的粥类可做些咸鲜口味，如鲜虾粥等。

第2周 产后恢复关键点

进入第 2 周，侧切和剖宫产妈妈的伤口基本上愈合了。出院后，除了照顾宝宝，新妈妈也要注意自身的健康，以免留下月子病。

- 月子里不要碰冷水，即使在夏天洗东西也要用温水。
- 顺产妈妈产后 1 周左右可以洗澡，剖宫产妈妈 2 周后可以洗澡，不过一定要是淋浴，时间不宜超过 10 分钟。
- 产后洗头后要及时擦干。
- 冬季不宜睡电热毯；夏季不宜用麻将席。
- 宝宝睡觉时，新妈妈也要抽空休息下。
- 准备一个护腰，防止腰部受凉。
- 新妈妈应根据自己的情况，决定是否需要使用绑腹带。
- 产后第 2 周大量出汗很正常，新妈妈要多喝水。
- 新妈妈要积极预防乳腺炎，以免耽误了喂养宝宝。
- 新妈妈要时刻关注自己的恶露情况，如果血性恶露持续 2 周以上、量多或为脓性、有臭味，或者伴有大量出血等症状，应立即就医。

新妈妈要及时补钙

0~6 个月母乳喂养的宝宝骨骼形成所需的钙完全来源于妈妈的乳汁，所以新妈妈应及时补钙。

牛奶

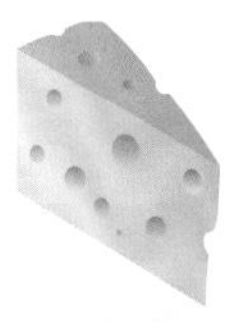
奶酪

黑豆

150千卡 加餐 + 700千卡 晚餐 = 2 200 卡

汉堡、薯条等食物要少吃，没营养又发胖

晚餐 荷塘小炒（做法见 51 页），热量为 120 千卡。

新妈妈身体的恢复和宝宝营养的摄取均需要大量营养物质，新妈妈不宜偏食和挑食，要讲究粗细搭配、荤素搭配，均衡饮食才有助于产后恢复和保证乳汁的质量。

6 暴饮暴食不利于身体恢复

虽然在产后第2周新妈妈的胃口要比之前好了很多，但也要控制食量，绝不能暴饮暴食。暴饮暴食只会让新妈妈的体重增加，造成肥胖，对身体恢复没有一点好处。对于哺乳妈妈而言，如果奶水不充足，食量可以比孕期稍微增加一些，但最好不要超过1/5的量。如果新妈妈的泌乳量正常，能够满足宝宝所需，则进食量应与孕期持平。

7 保持饮食多样化

新妈妈产后身体的恢复和宝宝营养的摄取均需要大量、全面的营养成分，因而新妈妈千万不要偏食，粗粮和细粮都要吃，不能只吃精米精面，要搭配杂粮，如小米、燕麦、玉米粉、糙米、红豆、绿豆等。这样既可保证各种营养的摄取，还可以提高食物的营养价值，对新妈妈身体的恢复很有益处。

蔬菜水果如果摄入不够，易导致大便秘结，医学上称为产褥期便秘症。蔬菜和水果富含维生素、矿物质和膳食纤维，可促进胃肠道功能的恢复，增进食欲，促进糖分、蛋白质的吸收利用，特别是可以预防便秘，帮助新妈妈达到营养均衡的目的。

豆制品是健身益智的食物，这是世界所公认的。它不但味道鲜美，而且对大脑发育有着特殊功能。豆制品由大豆制成，大豆就是我们平时所说的黄豆，它所含的蛋白质很高，比鸡蛋高3.5倍，比牛肉高2倍，比牛奶高1.3倍；更重要的是，大豆本身含有人体所必需的而又不能在体内合成的多种氨基酸。所以，哺乳妈妈要多吃豆制品，以促进宝宝脑细胞内部结构的发育，从而提高宝宝的智力。

8 营养补充剂不如食补

新妈妈在产后开始泌乳后要加强营养，这时的食物品种应多样化，最好应用五色搭配原理，黑、绿、红、黄、白，五色食物尽量都能在餐桌上出现，既增加食欲，又均衡营养，吃下去后食物之间也可互相代谢消化。新妈妈千万不要依靠服用药物营养素来代替饭菜，应遵循人体的代谢规律，食用自然的饭菜才是正确的，才能真正符合“药补不如食补”的原则。

9 过敏食物易引起乳房湿疹

急性乳房湿疹表现为：乳房皮肤常出现粟粒大的小丘疹或小水疱，潮红，瘙痒，抓搔后易破损，有较多浆液渗出，常伴有结痂、脱屑等。乳房湿疹宜采用综合疗法，尽量避免各种不良刺激，如致敏和刺激性食物、剧烈搔抓、热水洗烫等。紧张、劳累、神经系统功能紊乱，往往和湿疹的发病有着紧密关系。能够调节神经功能障碍的营养素对湿疹也有较好的疗效，如维生素B_1、维生素B_{12}、谷维素等。

10 每天摄入适量水分

水分是乳汁中最多的成分，宝宝要依靠乳汁来补充水分。哺乳妈妈饮水量不足时，会使乳汁分泌量减少。由于产后新妈妈的基础代谢较高，出汗再加上乳汁分泌，需水量高于一般人，故应多喝水，每天要喝 6~10 杯水，每杯 200 毫升。

新妈妈以每天喝 8 杯水为宜。

11 少吃味精

味精的主要成分是谷氨酸钠，会通过乳汁进入宝宝体内，与宝宝血液中的锌发生特异性结合，生成不能被吸收利用的谷氨酸，随尿液排出体外，这样会导致宝宝缺锌，出现味觉减退、厌食等症状，还会造成智力减退、生长发育迟缓、性晚熟等不良后果。新妈妈在整个哺乳期或至少在哺乳前 3 个月内应少吃或不吃味精。

12 喝醋减肥不可取

有的新妈妈为了迅速瘦身，就喝醋减肥。其实这样做并不好。因为新妈妈身体还比较弱，需要有一个恢复过程，在此期间，新妈妈的身体极易受到损伤，酸性食物会损伤牙齿，给新妈妈日后留下牙齿易于酸痛的隐患。醋中所含醋酸 3%~4%，若仅作为调味品食用，与牙齿接触的时间很短，不至于在体内引起什么不良作用，还可以促进食欲。所以，醋作为调味品食用，就不必过分禁忌。

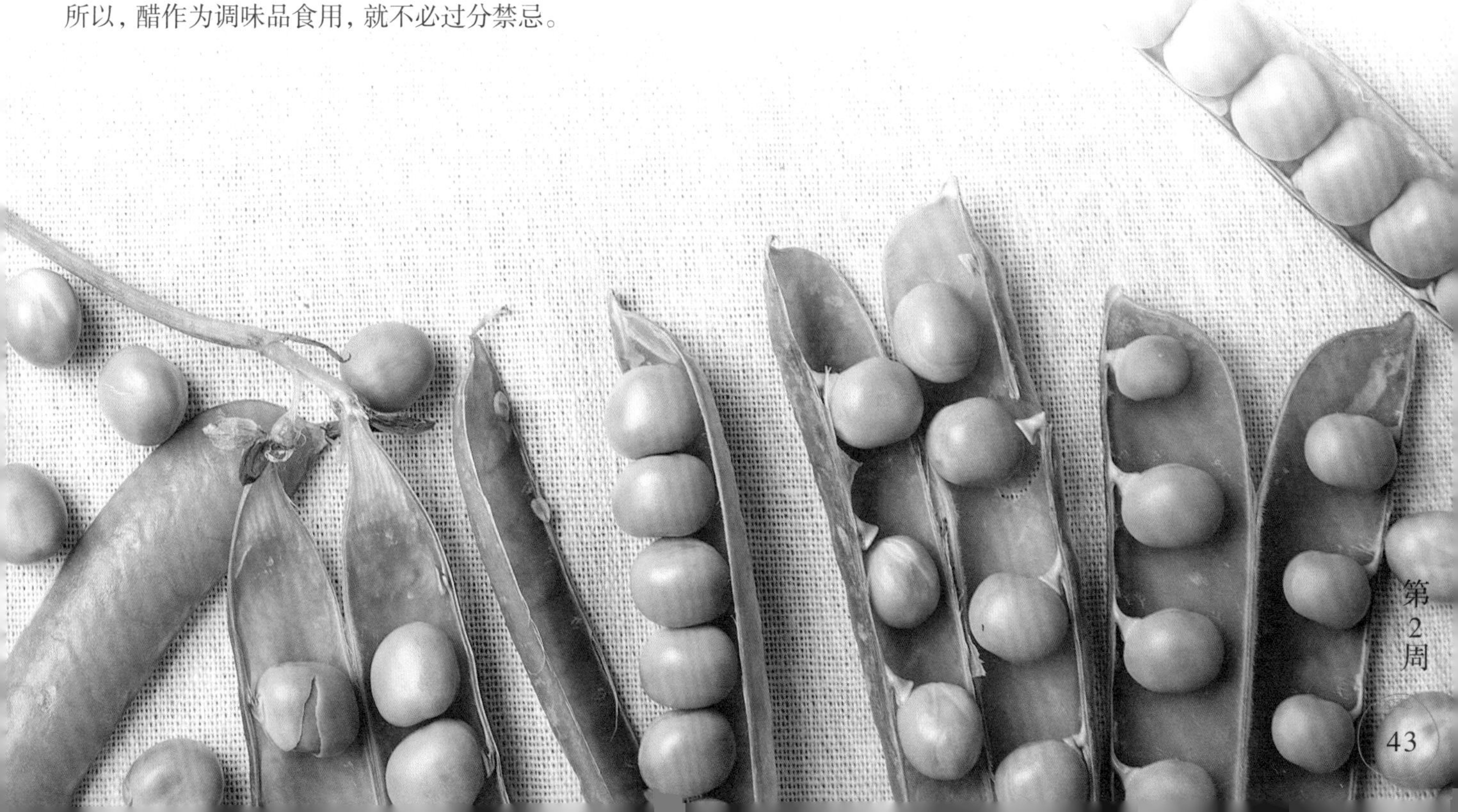

本周必吃的5种食材

本周开始，宝宝对乳汁的需求量逐渐增加，新妈妈要增加营养，在补血、补钙的同时，可以适当吃些猪蹄、花生、鲫鱼、牛奶、鸡蛋等催乳食物，但要切记此时的饮食重点依然是恢复身体，而不是催乳。

推荐食谱： 黑芝麻米糊 47 页　黑芝麻圆白菜 49 页　玉米香菇虾肉饺 55 页
红豆花生乳鸽汤 59 页　菠菜粉丝 53 页　猪蹄茭白汤 51 页

黑芝麻

补钙 黑芝麻性甘味平，具有滋养肝肾、养血补钙的作用。

帮助宝宝大脑发育 芝麻中含有丰富的不饱和脂肪酸，非常有利于宝宝大脑的发育。

推荐补品 黑芝麻花生粥（见 46 页）

维生素 E

19.1% 蛋白质

Ca 钙

膳食纤维

玉米

促进代谢 玉米中大量的膳食纤维可以加强胃肠蠕动，促使人体内废物的排出，有利于身体代谢。

预防产后贫血 玉米还含有多种人体必需的氨基酸，可帮助新妈妈增强体力和耐力，预防产后贫血。

推荐补品 莲子玉米面发糕（见 48 页）

维生素 C

19.9% 碳水化合物

红豆

消除水肿 产后新妈妈总会觉得自己身体“虚胖”，红豆可以帮助排出体内多余水分，让身体更轻松，心情也会变得舒畅。

补血 红豆还有补血养颜的功效。

推荐补品 红豆排骨汤（见55页）

红豆汤

炎炎夏日，新妈妈喝一碗红豆汤，既能消暑解热，又能补气血。

菠菜

补血 菠菜含有丰富的维生素C、胡萝卜素以及铁、钙、磷等矿物质，可补血利五脏。

助消化 菠菜味道爽口，有开胃、促消化的功效。

推荐补品 菠菜粉丝（见53页）

22.6% 蛋白质

猪蹄

催乳 猪蹄是传统的催乳佳品。

细润皮肤 猪蹄中的大分子胶原蛋白对皮肤有特殊的营养作用，可促进皮肤细胞吸收和贮存水分，让皮肤更加细润饱满。

推荐补品 猪蹄茭白汤（见51页）

Ca 钙

Fat 脂肪

第2周饮食宜忌速查

宜饭后睡前吃香蕉

香蕉对失眠或情绪紧张有一定的缓解作用，因此产后新妈妈在饭后睡前吃点香蕉，可起到镇静作用。稳定的情绪才能让新妈妈与宝宝建立起良好的母婴关系。

宜食动物肝脏补铜

铜能维持神经系统的正常功能，并参与多种物质代谢的关键酶的功能发挥，哺乳妈妈要注意合理摄取铜。含铜丰富的食物首推动物肝脏，其次是猪肉、黑芝麻、荠菜、大豆、芋头、油菜等。

不宜喝温度过高的牛奶

加热牛奶要适度，否则在高温下，牛奶中的氨基酸与糖形成果糖基氨基酸，不但不宜消化吸收，还会影响人体健康。温热的牛奶最适合新妈妈饮用。

哺乳妈妈禁补大麦制品

中医认为大麦及其制品，如大麦芽、麦芽糖等有回乳作用，所以准备哺乳或仍在哺乳的新妈妈应忌食。

第8天

新妈妈在饮食上应注意多补充蛋白质，以鱼、虾、蛋、豆制品为主，同时注意喝点汤汤水水，有助于乳汁的分泌。给新妈妈炖鸡汤时，要用公鸡炖汤而不是母鸡，因为母鸡中含有的雌激素会影响乳汁的分泌。

早餐

黑芝麻花生粥

原料：大米 50 克，花生仁 30 克，黑芝麻 10 克，蜂蜜适量。

做法：

1 大米洗净，用清水浸泡 30 分钟，备用；黑芝麻炒香。

2 将大米、花生仁一同放入锅内，加清水用大火煮沸后，转小火煮至大米熟透。

3 出锅晾温后加入蜂蜜调味，撒上炒熟的黑芝麻即可。

功效：黑芝麻搭配花生仁煮粥，能够帮助新妈妈恢复体力。

早餐

荠菜粥

原料：大米 30 克，荠菜 50 克，盐适量。

做法：

1 大米洗净，浸泡 30 分钟；荠菜择洗干净，切小段。

2 锅中加适量水，放入泡好的大米小火熬煮。

3 待水沸后放入荠菜段同煮，待大米完全开花后放盐调味即可。

功效：荠菜是春天的时令野菜，对新妈妈的身体恢复有好处。

加餐

珍珠三鲜汤

原料：鸡胸肉 100 克，胡萝卜丁、豌豆、番茄丁各 50 克，蛋清 1 个，盐、水淀粉各适量。

做法：

1 鸡胸肉洗净剁成泥，加蛋清、水淀粉一起搅拌。

2 将豌豆、胡萝卜丁、番茄丁放入锅中，加清水，待煮沸后改小火慢炖至豌豆绵软。

3 把鸡肉泥做成丸子，下锅中用大火煮沸，加盐即可。

功效：鸡肉与各种蔬菜一起做汤，营养美味且不容易长肉。

荠菜可消炎抗菌，增强免疫力。

鲫鱼排恶露

鲫鱼含丰富的蛋白质，可提高子宫的收缩能力，帮助新妈妈将恶露排干净。

午餐

枸杞红枣蒸鲫鱼

原料：鲫鱼1条，红枣2颗，葱姜汁、枸杞、料酒、盐、高汤、醋各适量。

做法：

1 鲫鱼处理好，洗净，汆烫后用温水冲洗。

2 在鲫鱼腹中放2颗红枣，将鲫鱼放入鱼盘内，放入枸杞、料酒、醋、高汤、葱姜汁、盐，腌制15分钟。

3 放入蒸锅内蒸20分钟即可。

功效：鲫鱼肉质鲜嫩，脂肪少，搭配红枣和枸杞，营养丰富并有催乳作用。

加餐

黑芝麻米糊

原料：大米20克，莲子10克，黑芝麻15克。

做法：

1 将大米洗净，浸泡3小时；莲子、黑芝麻均洗净。

2 取少量黑芝麻炒熟；将大米、莲子、其余黑芝麻放入豆浆机中，加水至上下水位线之间，按“米糊”键，加工好后倒出，撒上炒熟的黑芝麻即可。

功效：黑芝麻能健胃补血，还有助于新妈妈补钙、滋养秀发。

晚餐

蛤蜊豆腐汤

原料：蛤蜊200克，豆腐100克，姜片、盐、香油各适量。

做法：

1 清水中放入少许香油和盐，放入蛤蜊，让蛤蜊彻底吐尽泥沙，捞出，冲洗干净；豆腐切块。

2 锅中放水、姜片、盐煮沸，将蛤蜊、豆腐块一同放入，用中火继续炖煮。

3 待蛤蜊张开壳、豆腐熟透后关火，放盐、香油调味即可。

功效：蛤蜊味道鲜美，可以帮助新妈妈抗压舒眠，与豆腐做汤营养又不会增重。

今日主打食材——豆腐

豆腐中的蛋白质属于完全蛋白质，而且含有人体所必需的多种氨基酸；豆腐是低热量食物。

白菜炖豆腐

葱花入油锅爆香，加入洗净切段的白菜炒软，加适量水、盐、生抽，放入豆腐块，煮熟即可。

家常炒豆腐

豆腐切片焯水后沥干，入油锅微煎，加木耳、胡萝卜片等一起翻炒，加盐、酱油调味。

豆腐是产后新妈妈补营养、塑身材的好食材。

第9天

会阴侧切的顺产妈妈，在起身、坐着哺乳时仍然会感到会阴部隐隐作痛。此时除了注意会阴部的清洁卫生外，还要多摄入水分，增加排尿，以减少感染的概率。

早餐

海鲜乌冬面

原料： 乌冬面150克，虾仁3只，鱿鱼1只，油菜、黄豆芽各50克，香菇1朵，盐适量。

做法：

1 鱿鱼洗净，切成圈；香菇洗净，切十字花刀；虾仁、油菜、黄豆芽分别洗净。

2 锅中加水烧开，下入虾仁、鱿鱼圈、黄豆芽、油菜、香菇煮熟。

3 另起锅，将乌冬面煮熟，盛入碗中，码入鱿鱼圈、虾仁、香菇、黄豆芽、油菜；面汤中加盐调味，浇入面条中即可。

功效： 海鲜乌冬面食材丰富，营养全面，可让新妈妈精神满满。

早餐

紫菜鸡蛋饼

原料： 紫菜10克，鸡蛋1个，面粉、盐各适量。

做法：

1 紫菜清洗干净后切碎装碗里。

2 加入面粉、鸡蛋和适量水，并加少许盐，拌匀成糊状。

3 油锅烧热，将面糊摊饼煎熟，食用时切块即可。

功效： 紫菜富含矿物质，和鸡蛋、面粉做成鸡蛋饼既营养又不会让新妈妈的体重增加。

加餐

莲子玉米面发糕

原料： 玉米面200克，莲子30克，酵母10克，小苏打、白糖各适量。

做法：

1 莲子洗净，泡软；将玉米面放入盆内，加酵母、白糖、小苏打粉和适量温水，和成面团，待面发起。

2 面团发酵好后用手揉匀，整形切成若干等份的方形，放上莲子点缀。

3 在笼屉内铺上湿屉布，放入玉米面团，大火蒸15分钟即可。

功效： 玉米具有降血压、降血脂的功效，适合血压、血脂偏高及便秘的新妈妈食用。

黑芝麻

黑芝麻有补血、补钙、乌发、滋润肌肤的功效，新妈妈可以经常吃些。

午餐

南瓜蒸肉

原料：小南瓜 1 个，猪肉 150 克，淀粉、盐、料酒、生抽、香油、蒜末各适量。

做法：

1 小南瓜从上面切出小盖，去掉里面的囊和子后洗净。

2 猪肉洗净后切片，然后用淀粉、盐、料酒、生抽、香油、蒜末腌制 2 小时。

3 将腌好的猪肉片填入南瓜中，盖上南瓜盖，隔水蒸 30 分钟即可。

功效：南瓜蒸肉滋补效果好，怕胖的新妈妈可以选择猪瘦肉。

加餐

山药白萝卜粥

原料：大米 50 克，山药、白萝卜各 20 克，熟白芝麻末、葱末各适量。

做法：

1 将山药、白萝卜去皮，洗净，切成小块；大米洗净。

2 将大米、白萝卜、山药一同放入锅中，加适量清水，大火烧沸，转小火煮至米粥熟，盛出后撒上熟白芝麻末、葱末，食用时拌匀即可。

功效：山药营养丰富，有助于恢复体力，与白萝卜同食，可理气顺脾胃，促进肠胃蠕动。

晚餐

黑芝麻圆白菜

原料：圆白菜 200 克，黑芝麻 30 克，盐适量。

做法：

1 圆白菜洗净，切粗丝。

2 用小火将黑芝麻不断翻炒，炒出香味时出锅。

3 油锅烧热，放入圆白菜丝，翻炒几下，加盐调味。

4 炒至圆白菜丝熟透发软时，出锅盛盘，撒上黑芝麻，食用时搅拌均匀即可。

功效：圆白菜富含维生素 E；黑芝麻有补钙、补血双重功效，两者同食有利于新妈妈身体恢复。

今日主打食材——圆白菜

圆白菜富含维生素 C、维生素 E、胡萝卜素等，能预防感冒、提高免疫力，还有利于新妈妈控制体重。

手撕圆白菜

圆白菜洗净撕成小块；油锅烧热爆香葱花、蒜末，放入圆白菜块爆炒，加醋、酱油、盐调味即可。

香菇圆白菜猪肉包子

香菇、圆白菜、猪肉洗净后分别剁碎，加入香油、盐、酱油、蚝油拌成馅，包成包子，蒸熟即可。

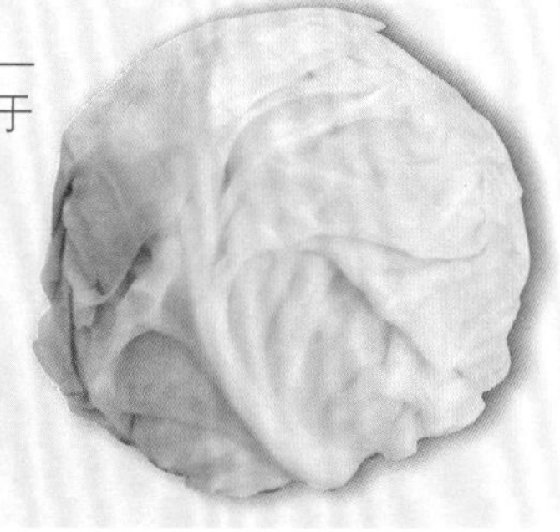

第10天

新妈妈在日常饮食中，要多喝水、合理补充营养素，但是新妈妈可能还不知道有哪些调味料并不适宜产后食用。辛辣燥热的调味料，如辣椒、胡椒、小茴香等，容易引起新妈妈上火、大便秘结等问题，因此新妈妈应少吃或不吃。

早餐

三鲜馄饨

原料：猪肉100克，香菇2朵，虾仁、水发木耳各20克，馄饨皮10张，葱末、姜末、香油、酱油、盐各适量。

做法：

1 猪肉、虾仁、水发木耳、香菇分别洗净，剁成末。

2 猪肉末、虾仁末中加适量清水，搅打至黏稠，放入香菇末、木耳末、酱油、盐、葱末、姜末和香油，拌匀成馅。

3 馄饨皮包上馅料，下锅煮熟，加盐调味后盛出，撒入葱末。

功效：馄饨馅由多种原料制成，可以满足饮食多样化的要求。

早餐

牛肉卤面

原料：面条100克，牛肉50克，胡萝卜、红椒、竹笋各20克，酱油、水淀粉、盐、香油各适量。

做法：

1 将牛肉、胡萝卜、红椒、竹笋分别洗净，切丁。

2 面条煮熟，过水后盛入碗中。

3 油锅烧热，放牛肉丁煸炒，再放胡萝卜丁、红椒丁、竹笋丁翻炒，加入酱油、盐、水淀粉炒熟，浇在面条上，淋入香油即可。

功效：牛肉富含蛋白质，可提高抵抗力，还能令新妈妈乳汁充足。

加餐

牛奶粥

原料：大米50克，牛奶250毫升。

做法：

1 大米洗净，浸泡。

2 锅内加入清水，放入淘洗好的大米，大火煮沸后，转小火熬30分钟至大米绵软。

3 加入牛奶，小火慢煮至牛奶烧开、粥浓稠即可。

功效：这道粥营养美味，适宜需要补充钙质的新妈妈食用。

想要牛奶粥中营养、色彩丰富，还可加些水果丁。

吃核桃补脑力

核桃有健脑益智的作用，新妈妈每天嚼几个可提高记忆力，还能缓解抑郁情绪。

午餐

猪蹄茭白汤

原料： 猪蹄 200 克，茭白 50 克，葱花、姜片、盐各适量。

做法：

1 猪蹄用开水烫后去毛，冲洗干净，切块；茭白洗净，切片。

2 猪蹄块放入锅内，加清水至没过猪蹄块，加入葱花、姜片大火烧沸，撇去浮沫。

3 转小火将猪蹄块煮烂，放入茭白片，继续煮熟，加盐调味即可。

功效： 猪蹄可以促进骨髓增长，并对皮肤有益，还能有效增强乳汁的分泌，适合哺乳妈妈食用。

加餐

核桃百合粥

原料： 大米 50 克，核桃仁、百合各 20 克。

做法：

1 百合洗净，掰成片；大米洗净，浸泡 30 分钟。

2 将泡好的大米、核桃仁、百合片一同放入锅中，加适量清水大火煮沸，转用小火继续熬煮至大米熟透即可。

功效： 核桃仁能帮助新妈妈补血润燥，百合能够清心安神，有助于新妈妈恢复。

晚餐

荷塘小炒

原料： 莲藕 100 克，胡萝卜、荷兰豆各 50 克，木耳、盐、水淀粉各适量。

做法：

1 木耳洗净，泡发，撕小朵；荷兰豆择洗干净；莲藕去皮，洗净，切片；胡萝卜洗净，去皮，切片；水淀粉加盐调成芡汁。

2 胡萝卜片、荷兰豆、木耳、莲藕片分别用开水焯熟，沥干。

3 油锅烧热，倒入焯过的食材翻炒出香味，浇入芡汁勾芡即可。

功效： 荷塘小炒中维生素含量丰富，口味清爽，热量低，有利于新妈妈控制体重。

今日主打食材——茭白

茭白能补虚健体，帮助控制体重，其含有的豆醇能抑制黑色素形成，使皮肤白嫩亮泽。

茭白炒肉片

茭白切片下油锅煸炒片刻，盛出；肉片入油锅煸炒变色后加茭白同炒，加盐、酱油调味即可。

茭白三丝

茭白、猪肉、青椒切丝；油锅爆香葱花，加肉丝炒变色，加入茭白丝、青椒丝同炒，加盐调味即可。

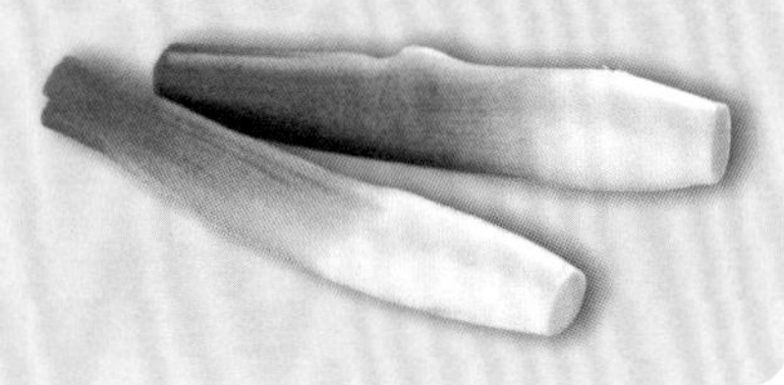

酸奶补钙易吸收

酸奶富含钙质，而且酸奶中的钙质由于乳酸的作用而提高了吸收率，极易被人体所吸收。

早餐

排骨面

原料：排骨250克，面条80克，葱段、姜片、盐各适量。

做法：

1 排骨洗净，剁成长段。

2 油锅烧热，放葱段、姜片炒香。

3 放入排骨段，加盐煸炒至变色，加水，大火煮沸。

4 另起锅，加水煮沸，放入面条，煮熟后捞出，倒入排骨和汤汁即可。

功效：排骨营养价值高，能提供钙、优质蛋白质，还能补血，而且不易让新妈妈增加多余脂肪。

早餐

南瓜油菜粥

原料：大米50克，南瓜40克，油菜20克，盐适量。

做法：

1 将南瓜去皮，去瓤，洗净，切成小丁；油菜洗净，切丝；大米淘洗干净。

2 锅中放大米、南瓜丁，加适量水煮熟，最后加油菜丝、盐调味即可。

功效：油菜富含胡萝卜素和维生素C；南瓜含果胶，有助于排毒。

加餐

火龙果酸奶

原料：火龙果1个，酸奶250毫升。

做法：

1 火龙果去皮，切块。

2 将酸奶倒入搅拌机中，再加入火龙果块，拌匀即可。

功效：酸奶营养丰富，与水果搭配有助于新妈妈减去身上的赘肉。

菠菜促新陈代谢

菠菜所含的胡萝卜素，可转变成维生素A，能维护正常视力，促进人体新陈代谢。

午餐

鲫鱼红豆汤

原料：鲫鱼1条，红豆、盐、葱段、姜片、红椒丝、生菜各适量。

做法：

1. 鲫鱼去内脏和鱼鳞，洗净。
2. 红豆洗净，用清水浸泡1小时。
3. 油锅烧热，放鲫鱼略煎，再将红豆、葱段、姜片一同放入锅内，加水炖煮至熟，出锅前加生菜略煮，放盐调味，盛出后放红椒丝点缀即可。

功效：鲫鱼可以健脾胃，增乳汁；红豆有利水消肿的作用。

加餐

橘瓣银耳羹

原料：银耳1朵，橘子1个，冰糖适量。

做法：

1. 将银耳泡涨发后去掉黄根与杂质，洗净备用；橘子去皮，掰好橘瓣，备用。
2. 将银耳放入锅中，加适量清水，大火烧沸后转小火，煮至银耳软烂。
3. 将橘瓣和冰糖放入锅中，再用小火煮5分钟即可。

功效：此羹含多种营养素，新妈妈食用既有补益作用，还可开胃，促进食欲。

晚餐

菠菜粉丝

原料：菠菜150克，粉丝50克，姜末、葱花、盐、香油各适量。

做法：

1. 菠菜择洗干净，粉丝泡软，分别用开水焯烫，捞出，沥净水。
2. 油锅烧热，用葱花、姜末炝锅，将菠菜、粉丝下锅，加盐稍炒出锅，淋上香油即可。

功效：菠菜含铁，能预防缺铁性贫血，和粉丝搭配热量低，不会让新妈妈变胖。

今日主打食材——银耳

银耳能防止钙的流失，对新妈妈的身体恢复有益，常食银耳还能润肤，去除黄褐斑、雀斑等。

银耳小米粥

小米浸泡1小时；银耳泡发洗净掰成小朵；将小米、银耳放入锅中加水煮熟，最后加冰糖调味。

银耳汤

银耳洗净掰成小朵，放入锅中加水、冰糖炖煮2小时后加入洗净的枸杞略煮即可。

第11天

产后饮食虽然有讲究，但忌口不宜过多，荤素搭配很重要，进食的品种越丰富，营养才能平衡和全面。除了明确对身体无益的和吃后可能会过敏的食物外，荤素的品种应尽量丰富多样。

早餐

什锦果汁饭

原料：大米50克，牛奶250毫升，苹果丁、蜜枣丁、葡萄干、青梅丁、碎核桃仁各15克，白糖、水淀粉各适量。

做法：

1 大米洗净，加入牛奶、水焖成饭，加白糖拌匀，盛盘。

2 苹果丁、蜜枣丁、葡萄干、青梅丁、碎核桃仁放入锅内，加清水和白糖烧沸，加水淀粉稍煮，大火收汁后浇在米饭上即可。

功效：什锦果汁饭营养全面，可以补钙开胃，还有利于提升乳汁质量。

早餐

黄花菜粥

原料：干黄花菜5克，糯米30克，盐、香油各适量。

做法：

1 将干黄花菜洗净，用温水泡开后切小段；糯米淘洗干净。

2 将糯米放入锅中，加清水烧开，转小火熬煮，待米粒煮开花时放入黄花菜段继续熬煮。

3 黄花菜粥将熟时放入香油、盐调味即可。

功效：黄花菜粥有通乳的作用，可帮助哺乳妈妈顺利哺喂宝宝。

加餐

奶油白菜

原料：白菜100克，牛奶120毫升，高汤、水淀粉、盐各适量。

做法：

1 白菜洗净切小段；将牛奶倒入水淀粉中搅匀。

2 锅中放入白菜段、高汤烧开，转中火烧至八成熟。

3 放入盐和调好的牛奶汁再烧开即可。

功效：白菜低热量、低脂肪，与奶油搭配可补钙，还利于乳汁分泌。

再加些薏米，能有效祛湿消水肿。

选择应季蔬菜

新妈妈应该尽量选择应季蔬菜来进补，如春季的荠菜，夏季的番茄、黄瓜，秋季的山药，冬季的白菜等。

午餐

红豆排骨汤

原料： 排骨 100 克，红豆 20 克，陈皮 10 克，盐适量。

做法：

1 排骨剁小段，洗净，用开水汆烫去血沫，捞出洗净后沥干；陈皮洗净，泡软；红豆洗净，浸泡 4 小时。

2 将除盐外的所有食材放入锅中，倒入适量水，大火煮开后转小火继续炖煮 1 小时。

3 拣去陈皮，加盐调味即可。

功效： 红豆可健脾止泻、利水消肿；排骨富含蛋白质，两者搭配食用，营养又不易长胖。

加餐

玉米香菇虾肉饺

原料： 饺子皮 13 个，猪肉 150 克，干香菇 3 朵，虾、玉米粒各 30 克，盐适量。

做法：

1 干香菇泡发后切丁；虾去皮取肉，切丁。

2 猪肉剁碎，放入香菇丁、虾肉丁和玉米粒，搅拌均匀；再加入盐、泡香菇水制成馅。

3 饺子皮包上馅，包好后下锅煮熟即可。

功效： 多种食材包成饺子，可以让新妈妈一次摄入多种营养。

晚餐

羊肝炒荠菜

原料： 羊肝 100 克，荠菜 50 克，火腿 10 克，姜片、水淀粉、盐各适量。

做法：

1 羊肝洗净，切片；荠菜洗净，切段；火腿切片。

2 锅内加水烧开，放入羊肝片汆烫，捞出洗净。

3 另起油锅，放入姜片、荠菜段，用中火炒至断生，加入火腿片、羊肝片翻炒均匀，加盐调味，放入水淀粉勾芡即可。

功效： 羊肝富含蛋白质、磷、铁，脂肪含量低；荠菜能降低血脂、健脾利水。

今日主打食材——荠菜

荠菜的营养价值很高，能开胃、健脾、消食、降血脂，俗语说“三月三，荠菜当灵丹”。

荠菜豆腐汤

锅中放适量水，放入豆腐块、香菇丁、盐煮沸；加入荠菜段，再次沸腾加香油即可。

荠菜水饺

荠菜洗净，剁碎，与猪肉末搅拌，加入香油、酱油、葱花、蚝油搅拌均匀，制成馅包成饺子，煮熟即可。

第12天

新妈妈如果不能母乳喂养，也不需要有负疚感，要多参与到喂养宝宝的过程中，平时多陪宝宝玩耍，多抱抱宝宝，尽快建立亲密的母子关系。非哺乳妈妈在饮食上不要摄入过多热量，避免体重增加。

早餐

虾皮芹菜粥

原料：虾皮20克，芹菜30克，燕麦60克，盐适量。

做法：

1 虾皮、芹菜分别洗净，芹菜切丁；燕麦洗净，浸泡。

2 锅置火上，放入燕麦和适量清水，大火烧沸后改小火，放入虾皮。

3 待粥煮熟时，放入芹菜丁，略熟后加盐调味即可。

功效：此粥不仅能补钙，还对便秘有一定的缓解作用。

早餐

鸡汤面疙瘩

原料：面粉100克，鸡汤、蛋清、葱花、盐、料酒各适量。

做法：

1 面粉加蛋清和适量水调成糊。

2 锅中加清水，烧沸后用不锈钢漏勺将面糊过滤，淋在沸水中，煮5分钟，捞出装在碗里。

3 油锅烧热，放入葱花爆香，放入鸡汤、料酒、盐烧沸后，倒入盛有面疙瘩的碗中即可。

功效：面疙瘩能提供优质蛋白质和碳水化合物，可以为新妈妈提供充足能量。

加餐

炒红薯泥

原料：红薯300克，白糖、盐各适量。

做法：

1 红薯上锅蒸熟，去皮，捣成红薯泥，加入适量白糖拌匀。

2 油锅烧热，倒入红薯泥，快速翻炒，不停地晃动炒锅，防止红薯泥粘锅。

3 待红薯泥炒至变色即可。

功效：红薯利肠通便，可预防便秘。红薯本身就有甜味，宜少加白糖，以免发胖。

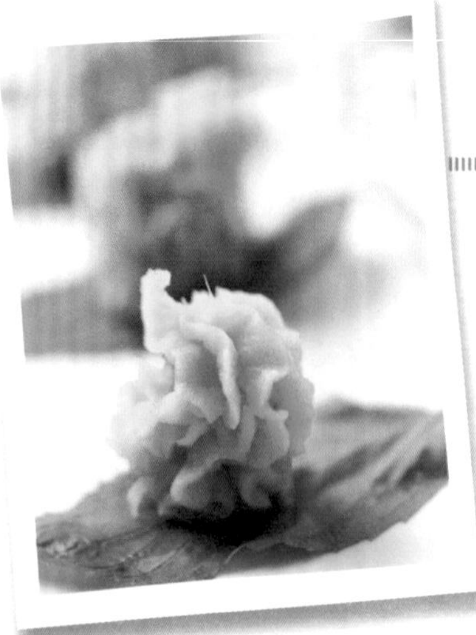

非哺乳妈妈忌吃

鲤鱼汤、明虾炖豆腐等有催乳功效的食物，非哺乳妈妈不要吃，以免出现奶胀或者乳腺不畅。

午餐

莼菜鲤鱼汤

原料：鲤鱼 1 条，莼菜 100 克，盐适量。

做法：

1 莼菜洗净，切段；鲤鱼去鳞、去内脏，洗净沥干。

2 锅中放鲤鱼、莼菜段及适量水大火煮沸，撇去浮沫，转小火继续炖煮 20 分钟。

3 出锅前加盐调味即可。

功效：莼菜清热排毒、养肝护肝；鲤鱼滋补健胃、利水消肿，还可通乳。

加餐

紫菜包饭

原料：糯米 50 克，鸡蛋 1 个，紫菜 2 片，火腿、黄瓜、沙拉酱、白醋各适量。

做法：

1 黄瓜洗净切条，加白醋腌制；火腿切条；糯米蒸熟成饭，倒入白醋，拌匀晾凉；鸡蛋打成蛋液，入油锅摊成饼，切丝。

2 紫菜铺平，将糯米饭均匀铺在紫菜上，再摆上黄瓜条、火腿条、鸡蛋丝、沙拉酱，卷起，切成 2 厘米的厚卷即可。

功效：紫菜富含矿物质，与其他食材搭配，营养更均衡。

晚餐

明虾炖豆腐

原料：虾、豆腐各 100 克，姜片、盐各适量。

做法：

1 虾去壳、去头、去虾线，洗净；豆腐冲洗，切块。

2 锅中加水烧沸，放入虾、豆腐块、姜片，大火煮开，撇去浮沫，转小火继续炖煮。

3 食材熟透后拣去姜片，加盐调味即可。

功效：此菜是动物蛋白和植物蛋白的结合，营养高但脂肪低。

今日主打食材——紫菜

紫菜富含钙、铁、碘和胆碱，能增强记忆力、改善贫血，是新妈妈滋补不长胖的佳品。

香酥紫菜

紫菜掰块，淋入香油，加入芝麻、盐拌匀，均匀铺在烤盘上，烤 12~15 分钟即可。

蛋花紫菜汤

锅中加水煮沸，放入打散的鸡蛋液和撕块的紫菜，煮熟后加点盐、香油即可。

第13天

新妈妈在月子里会经常喝汤，但要注意，用餐时不宜一边吃饭一遍喝汤或者食用汤泡饭，因为这样会冲淡消化食物所需要的胃酸，妨碍正常的消化。最好的方法是先喝汤再吃饭，既能开胃又有利于消化。

早餐

蛋花豌豆粥

原料：豌豆30克，大米50克，蛋液适量。

做法：

1 将豌豆、大米分别用清水洗净。

2 锅中加清水和大米，烧沸。

3 改用小火，煮沸20分钟，放入豌豆。

4 熬至豌豆、大米熟烂，整体浓稠时倒入蛋液，煮至熟透即可。

功效：豌豆热量低，却含有大量优质蛋白，能提高新妈妈的抗病能力和康复能力。

早餐

银耳山药米糊

原料：银耳1朵，山药150克，大米50克。

做法：

1 山药洗净，去皮切片；银耳泡发；大米洗净，浸泡1小时。

2 将上述材料放入豆浆机，加适量清水，按“米糊”键，打好后盛出即可。

功效：银耳富含胶质，可保湿护肤、润肠通便，让新妈妈拥有好皮肤、好身材。

加餐

核桃仁爆鸡丁

原料：鸡胸肉100克，核桃仁30克，松子仁10克，鸡蛋1个，枸杞、盐、水淀粉、酱油、鸡汤各适量。

做法：

1 鸡蛋取蛋清；鸡胸肉洗净，切丁，加蛋清、水淀粉抓匀；核桃仁、松子仁不加油炒熟；鸡汤中加盐、酱油调成汁。

2 油锅烧热，放入鸡肉丁炒至变色，放入鸡汤汁翻炒均匀。

3 下入炒熟的核桃仁、松子仁、枸杞，炒匀即可。

功效：鸡胸肉嫩滑有营养；核桃仁补钙，并利于提高大脑记忆力。

午餐

红豆花生乳鸽汤

原料：花生仁、桂圆肉、红豆各20克，乳鸽1只，葱段、姜片、盐各适量。

做法：

1. 花生仁、桂圆肉、红豆分别洗净，浸泡30分钟。
2. 乳鸽洗净，斩块，在开水中汆一下，去除血沫。
3. 砂锅中放适量清水，烧沸后放入葱段、姜片、乳鸽块、花生仁、桂圆肉、红豆，用大火煮沸后，改用小火煲，熟透后加盐调味即可。

功效：乳鸽肉质鲜嫩，高蛋白低脂肪，滋养身体但不会过多增重。

加餐

五香酿番茄

原料：番茄1个，猪瘦肉末、虾仁碎各25克，香菇块、洋葱块、香油、盐各适量。

做法：

1. 将除番茄及调料外的食材放搅拌机搅打成馅。
2. 番茄洗净，挖出内瓤，使番茄成碗状。
3. 将番茄内瓤与打成的馅混合，放盐、香油调味，塞回番茄内，用保鲜膜封口。
4. 放入蒸锅大火隔水蒸熟即可。

功效：番茄富含维生素C，与肉类搭配，有利于新妈妈控制体重。

晚餐

里脊肉炒芦笋

原料：猪里脊肉150克，芦笋100克，蒜末、木耳、水淀粉、盐各适量。

做法：

1. 芦笋洗净切段；木耳泡发，洗净，撕成小朵；猪里脊肉洗净，切成丝。
2. 油锅烧热，放入蒜末炒香，然后放入猪里脊肉丝、芦笋段、木耳翻炒均匀。
3. 加盐炒熟，用水淀粉勾芡即可。

功效：芦笋清脆可口，与猪肉同食，荤素搭配，营养不长胖。

今日主打食材——芦笋

芦笋属于低脂保健蔬菜，富含蛋白质、碳水化合物、多种维生素和微量元素。

清炒芦笋

油锅烧热，放入芦笋段大火快炒，颜色变翠绿时转中火加盐，淋上水淀粉勾芡即可。

芦笋炒肉片

油锅爆香葱花，倒入肉片滑炒至变色，加入芦笋段炒3分钟，加盐调味即可。

适当吃些芦笋可以帮助新妈妈补充所需的硒元素。

第14天

新妈妈身上的不适感慢慢减少，在喂养宝宝上花费的心思越来越多。哺乳妈妈要注意补钙和补铁，以免骨质疏松和贫血，同时要注意韭菜、韭黄、熟麦芽、老母鸡、茴香、花椒等有回奶的作用，哺乳妈妈要禁吃。

早餐

黄花菜瘦肉粥

原料：干黄花菜20克，大米30克，猪瘦肉丝、葱花、盐各适量。

做法：

1 干黄花菜泡发、洗净，开水焯熟，切末；大米洗净，浸泡1小时。

2 大米放入锅中，加清水烧开，转小火继续熬煮，待米粒开花时放猪瘦肉丝、黄花菜末同煮。待食材熟透后，加盐，撒葱花即可。

功效：此粥可以改善新妈妈的健忘失眠、头晕目眩、小便不利、水肿、乳汁分泌不足等症状。

早餐

冰糖五彩粥

原料：大米50克，玉米粒30克，黑豆10克，豌豆20克，枸杞5克，冰糖适量。

做法：

1 将大米、豌豆、黑豆洗净，浸泡3小时；玉米粒洗净，蒸熟。

2 大米加水和蒸熟的玉米粒熬成粥，放入豌豆、黑豆、枸杞、冰糖，同煮至熟即可。

功效：玉米富含膳食纤维，能帮助新妈妈健脾开胃，预防便秘。

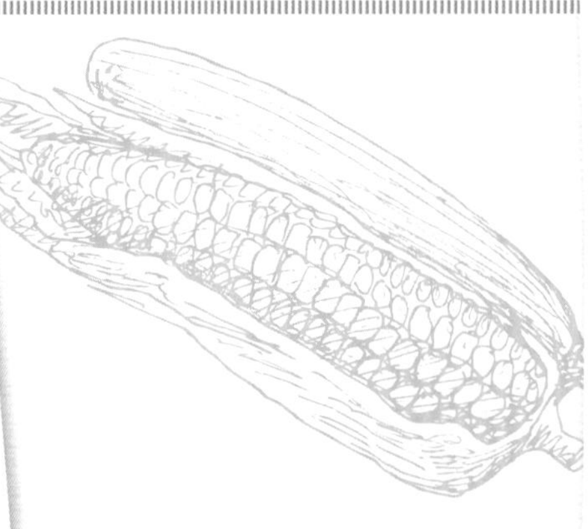

加餐

奶酪蛋汤

原料：奶酪、西芹丁、胡萝卜丁各20克，鸡蛋1个，高汤、盐、面粉各适量。

做法：

1 将奶酪与鸡蛋一同打散，用面粉调匀成糊。

2 将高汤烧开，加盐调味。

3 放入奶酪蛋糊，最后撒上西芹丁和胡萝卜丁，煮至熟透即可。

功效：奶酪蛋汤富含钙、蛋白质，加入蔬菜后更利于新妈妈减少脂肪的摄入。

乌鸡益气血

乌鸡可滋补肝肾、益气补血、调经活血，对产后新妈妈的气虚、血虚、脾虚、肾虚等有食疗效果。

午餐

乌鸡白凤汤

原料：乌鸡1只，白凤尾菇50克，料酒、葱段、姜片、盐各适量。

做法：

1 将乌鸡除去毛和内脏，洗净。

2 将姜片放入锅中，加清水煮沸，放入乌鸡，加入料酒、葱段，用小火焖煮至酥软。

3 放入白凤尾菇，煮至熟透，加盐调味即可。

功效：此汤富含蛋白质和微量元素，对哺乳妈妈有很好的催乳滋补作用。

加餐

酸奶草莓露

原料：草莓4个，酸奶250毫升。

做法：

1 草莓洗净，去蒂，切两半。

2 将草莓块、酸奶放入榨汁机中，一起打匀。

3 倒入杯中即可。

功效：酸奶草莓露在为新妈妈补充维生素、钙、蛋白质的同时，也有利于新妈妈健康瘦身。

晚餐

猪肝炒油菜

原料：油菜150克，猪肝50克，盐、酱油各适量。

做法：

1 猪肝洗净，切片，用盐和酱油腌制10分钟；油菜洗净掰开。

2 油锅烧热，放入猪肝快炒后盛出备用。

3 锅中留底油，放油菜炒至半熟时放入猪肝片，加适量盐，大火炒熟即可。

功效：猪肝能为新妈妈补铁，预防缺铁性贫血。

今日主打食材——猪肝

猪肝中含有丰富的维生素A，能保护眼睛，且其脂肪含量低于猪肉，是不易长胖的补血食材。

猪肝炒青椒

猪肝浸泡30分钟后洗净切片，入油锅爆炒，加入青椒片炒熟，加盐调味即可。

菠菜拌猪肝

菠菜切段焯熟；熟猪肝切片，与菠菜段、醋、盐、酱油、香油拌匀。

一周食用两三次猪肝，每次30克左右即可。

第 3 周

新妈妈的身体变化

乳房

产后第 3 周，新妈妈乳房的肿胀感在减退，清淡的乳汁渐渐浓稠起来。每天哺喂宝宝的次数增多，偶尔还会有漏乳的现象，新妈妈要将湿乳垫及时更换掉，不要等乳垫硬了再换。

胃肠

现在新妈妈的食欲基本恢复到从前了，饿的感觉时常出现。通过产后前 2 周的调整和进补，胃肠已适应了少食多餐、汤水为主的饮食。为了宝宝的健康，妈妈好好吃饭吧。

子宫

产后第 3 周，子宫基本收缩完成，已恢复到骨盆内的位置，最重要的是子宫内的积血快完全排出了，此时雌激素的分泌将会特别活跃，子宫的功能变得比怀孕前更好。

伤口及疼痛

会阴侧切的伤口已没有明显的疼痛了，但是剖宫产妈妈的伤口内部，会出现时有时无的疼痛。只要不是持续疼痛，没有分泌物从伤口处溢出，大概再过 2 周就可以完全恢复正常了。

恶露

产后第 3 周是白色恶露期，此时的恶露已不再含有血液，而含有大量的白细胞、退化蜕膜、表皮细胞和细菌，因此恶露变得黏稠而色泽较白。白色恶露一般会持续一两周的时间。

产后第3周调养方案

产后第3周，新妈妈的肠胃功能基本恢复了，是时候开始滋补了。新妈妈滋补得当，不但不用担心会长胖，还可以恢复分娩时造成的身体消耗，而且可以利用月子期的合理饮食和健康生活方式，改善气喘、怕冷、掉发、便秘、易疲劳等问题。

1 适当加强进补

分娩让新妈妈的身体造成了极大的损耗，不可能在短时间内完全复原，通过前2周的饮食调养，新妈妈会明显感觉有劲儿了，但此时仍要注意补充体力，强健腰肾，以避免以后的腰背疼痛。

身体恢复较好的新妈妈，本周可以适当加强进补，但仍不要过多食用燥热食物，否则可能会引起乳腺炎、尿道炎、便秘或痔疮等。从本周开始，可以适当进食一些水果，但是必须记住不要进食性凉的水果，如梨、西瓜等。蔬菜的量也要开始增加，以防止便秘，而且有助于控制体重。

2 催乳为主

本周，宝宝的需求增大了，总是把新妈妈的乳房吃得瘪瘪的，催乳成为新妈妈当前进补最主要的目的。哺乳期大概为一年的时间，所以适当食用催乳、通乳的食材，会给整个哺乳期提供保障。

营养又不增重的月子餐每日推荐

产后第3周，宝宝的食量不断增大，哺乳妈妈此时要均衡摄取碳水化合物、脂肪、蛋白质、维生素、矿物质等，补充全面的营养，这样才能分泌优质的乳汁。哺乳妈妈可以根据自己的泌乳量和宝宝的食量来适当调整热量。

450千卡 早餐 + **200千卡** 加餐 + **700千卡** 午餐 +

早餐 白菜豆腐粥（做法见74页），热量为100千卡。

午餐 山药虾仁（做法见73页），热量为260千卡。

3 补血为辅

恶露虽然已经排得差不多了，但是这些天的大量失血，使新妈妈的身体状况也发出“警报”，总感觉疲劳乏力，提不起精神来。醒来后偶尔还有眩晕的感觉，缺血使产后新妈妈的身体失去了活力。简单而方便的补血方式，随时可以进行，红枣茶、阿胶红枣粥、蜜枣汤都是方便易做的好补品。

4 饭菜趁热吃

生完宝宝之后，发现时间过得非常快，每天都忙碌而充实，一会儿宝宝拉便便了，一会儿又该给宝宝喂奶了，等处理完这些事情才发现，刚刚热气腾腾的饭菜已经凉了。这时，新妈妈千万不要图省事，一定要重新加热后再吃。

第3周 产后恢复关键点

新妈妈的精神和体力都恢复了很多，但身体还没有完全复原，注意不要太劳累，生活起居也要小心不良因素的影响。

- 产后过早穿高跟鞋很可能加重腰部及骨盆肌腱和韧带的劳损，造成产后腰酸、腰痛。
- 月子里的贴身衣物要手洗，不要用洗衣机洗，以降低细菌侵袭的概率。
- 产后穿衣宜宽松、保暖、舒适，睡衣宜选择纯棉质地。
- 新妈妈不要过早做重体力劳动，以免日后造成阴道膨出或子宫脱垂。
- 新妈妈此时不宜通过游泳来减肥，容易增加患风湿病的可能，而且子宫还没有恢复，容易造成细菌感染或慢性盆腔炎。
- 多补充维生素C，适当按摩，以便去除妊娠纹。
- 月子期间，新妈妈要坚持佩戴胸罩，胸罩能起到支持和扶托乳房的作用，有利于乳房的血液循环。
- 哺乳妈妈服药要谨慎，一定要听从医生的建议，否则会影响宝宝的健康。

催乳食物守护宝宝的“口粮”

奶水少的哺乳妈妈，可以通过增加催乳的食物来增加泌乳量，以满足宝宝的需求。

猪蹄 鲫鱼

虾

150千卡 加餐 + 700千卡 晚餐 = 2 200千卡

喝汤时可撇去上层的油脂

晚餐 蜂蜜红薯角（做法见73页），热量为300千卡。

很多新妈妈喜欢吃火锅，但火锅会使新妈妈上火，还会使哺乳妈妈的乳汁变得火性和油腻，宝宝吃了容易上火和腹泻，所以新妈妈要克制。

5 按时定量进餐，控制体重

虽然说经过前 2 周的调理和进补，新妈妈的身体得到了很好的恢复，但是也不要放松对身体的呵护，不要因为照顾宝宝太过于忙乱，而忽视了进餐时间。宝宝经过 2 周的成长，也培养起了较有规律的作息时间，吃奶、睡觉、拉便便，新妈妈都要留心记录，掌握宝宝的生活规律，相应安排好自己的进餐时间。

新妈妈还要根据宝宝吃奶量的多少，定量进餐。过量的饮食，会让新妈妈体重增加，对于产后的恢复并无益处。如果是母乳喂养，宝宝需要的乳汁很多，食量可以比孕晚期稍增，最多增加 1/5 的量；如果乳汁正好够宝宝吃，则与孕晚期等量；如果是不能母乳喂养的新妈妈，食量和非孕期差不多就可以了。

6 中药滋补汤

如果有必要，在第 3 周的时候，可以用些中药来煲汤给新妈妈进补。不同的中药特点各不相同，用中药煲汤之前，必须通晓中药的寒、热、温、凉等药性，选材时，最好选择无任何副作用的枸杞、当归、黄芪、王不留行等药材。

7 喝点葡萄酒

专家认为，优质的红葡萄酒中含有丰富的铁，对女性非常有好处，可以起到补血的作用，使脸色变得红润。同时，女性在怀孕时体内脂肪的含量会有大幅度的增加，产后喝一些葡萄酒，其中的抗氧化剂可以防止脂肪的氧化堆积，对身体的恢复很有帮助。

葡萄酒中的酒精含量并不高，只要不是酒精过敏体质的人，一天喝大约 50 毫升是没有问题的。哺乳期的新妈妈尽量在每次哺乳后喝，对宝宝不会有影响，但注意千万不要多喝。

8 喝汤也要吃肉

产后新妈妈的饮食大部分以汤水为主，尤其是本周，新妈妈开始催乳，因此常喝些催乳汤，如鸡汤、排骨汤、鱼汤和猪蹄汤等，有利于新妈妈泌乳和恢复体力。肉汤中的肉营养价值也很高，喝汤的同时也要吃肉，这样喝汤才会有效果。所以只喝汤不吃肉的做法是不可取的，而“汤比肉更有营养”的说法也是不科学的。

新妈妈的饮食应全面且多样，这样才有利于身体恢复。

9 吃五谷补能量

五谷杂粮是我们经常食用的主食，很多人认为主食里没有营养，哺乳妈妈应该多吃些肉、蛋、奶、蔬菜、水果等，主食是次要的。事实上，谷类是碳水化合物、膳食纤维、B 族维生素的主要来源，而且是热量的主要来源，它们的营养价值是肉类所不能替代的。对于哺乳期的新妈妈来说，从谷类食物中可以得到更多的能量、维生素及蛋白质等。

10 主食多样化

产后新妈妈身体虚弱，肠道消化能力也弱，除了食物要做得软烂外，还要有营养、保持饮食多样化。尤其是月子中的主食，新妈妈可以有很多选择，比如：小米可开胃健脾、补血健脑、助安眠，适合产后食欲缺乏、失眠的新妈妈；大米可活血化瘀，可用于防治产后恶露不尽、瘀滞腹痛；糯米适用于产后体虚的新妈妈；燕麦富含 B 族维生素，也是不错的补益佳品。主食多样化才能满足人体各种营养需要，提高利用率，使营养吸收更高效，进而达到强身健体的目的。

11 早餐吃好，晚餐不过饱

新妈妈的早餐非常重要。经过一夜的睡眠，体内的营养已消耗殆尽，血糖浓度处于偏低状态，如果不能及时、充分补充能量，就会出现头昏心慌、四肢无力、精神不振等症状。而且哺乳妈妈还需要更多的能量来喂养宝宝，所以这时的早餐要比平常更丰富、更重要，不要破坏基本饮食模式。

新妈妈产后身体尚未康复，晚餐不宜吃得太饱，否则容易引起多种问题。首先，如果吃饭吃太饱，胃肠负担不了，会引起消化不良、胃胀等不适。而且晚餐吃得太饱，还会影响睡眠质量。

12 喝酸奶的学问

爱喝酸奶的新妈妈最好选择饭后 2 小时内饮用酸奶。空腹时喝酸奶，乳酸菌很容易被胃酸杀死，其营养价值和保健作用就会大大减弱。此外，酸奶不能加热喝，因为活性乳酸菌会很容易被烫死，使酸奶的口感变差，营养流失。喝酸奶后要用水漱口，因为酸奶中的某些菌种含有一定酸度，特别容易导致新妈妈龋齿。

本周必吃的5种食材

新妈妈身上的不适感在减轻，精神上也轻松起来，可以把全部的心思放在喂养宝宝上了。不少新妈妈因奶水不足无法喂饱宝宝，要多吃些下奶、催奶的食物，同时补血、补钙依然要继续。

推荐食谱：牛肉粉丝汤 71 页　莴笋肉粥 74 页　丝瓜炒金针菇 29 页
枸杞红枣蒸鲫鱼 47 页　草莓蛋饼 70 页

虾

催乳 虾的催乳作用较强，并且富含磷、钙，对产后乳汁分泌较少的新妈妈有补益作用。

易消化 虾的肉质松软，易消化，不会给新妈妈的肠胃造成负担。

推荐补品 山药虾仁（见 73 页）

18.6% 蛋白质

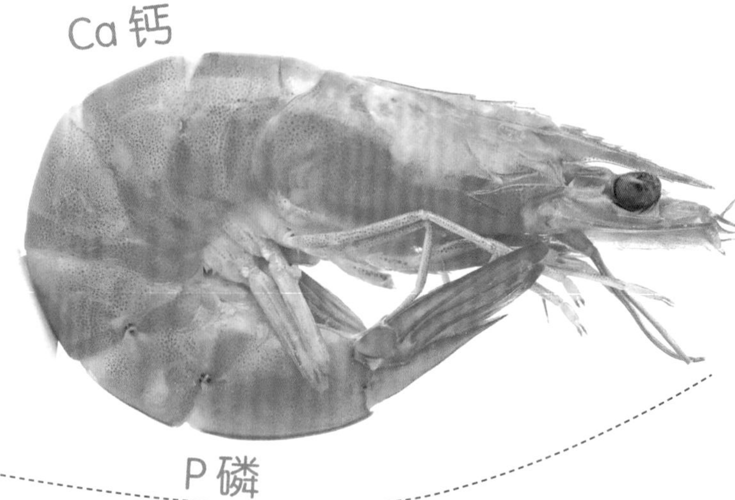

莴笋

增进食欲 莴笋味道清新且略带苦味，可刺激消化酶分泌，增进食欲。其中的乳状浆液可增强消化液的分泌，对消化功能尚未恢复的新妈妈尤其有利。

催乳 莴笋还具有催乳作用。

推荐补品 莴笋肉粥（见 74 页）

维生素 A

丝瓜

通乳 新妈妈吃丝瓜可预防乳腺增生，还可以使乳汁分泌通畅。

增白皮肤 丝瓜含有的维生素C能消除斑块，使皮肤细嫩、洁白。

推荐补品 丝瓜蛋汤（见87页）

维生素 C

丝瓜络催乳

丝瓜络是成熟丝瓜去掉皮、果肉、种子后晒干而成，丝瓜络与肉炖煮，有通乳和催奶的作用。

鲫鱼

下奶 鲫鱼是传统的下奶食物，有通乳汁、补身体、促康复的功效。

保持肌肤弹性 鲫鱼富含蛋白质，对肌肤的弹力纤维构成起到很好的强化作用。

推荐补品 奶汁百合鲫鱼汤（见75页）

草莓

维持体液平衡 草莓含多种糖类、有机酸、氨基酸，可以达到补充血容量、维持体液平衡的作用，适合新妈妈食用。

润泽肌肤 草莓富含维生素C，对新妈妈的皮肤有很好的润泽作用，也有利于淡化妊娠纹。

推荐补品 什锦水果羹（见73页）

第3周饮食宜忌速查

宜吃牛肉补气健脾

牛肉蛋白质含量高，脂肪含量低，有补中益气、滋养脾胃、强健筋骨的功效，味道鲜美，营养丰富，能提高机体抗病能力，在补充失血、修复组织等方面特别适宜，适合产后气短体虚、筋骨酸软的新妈妈食用。

宜吃山药补虚益气

山药中含有氨基酸、胆碱、维生素 B_2、维生素C及钙、磷、铜、铁等。有益气补脾、帮助消化、缓泻祛痰等作用，所以山药是月子期滋补及食疗佳品。

不宜过量盲目补钙

新妈妈由于要哺乳，补钙是必不可少的，但新妈妈不能因此而盲目地大量补钙。过量摄入钙剂，容易导致便秘，也可能会诱发泌尿系统结石，还有可能会影响宝宝的生长发育。因此，新妈妈补钙一定要适量，过多、过少都不好，最好在医生的指导下补充。

第15天

新妈妈的身体正在慢慢恢复，每天可以陪宝宝玩耍一会儿，特别是天气好的时候，可以陪宝宝一起晒晒太阳，有利于维生素 D 的合成，促进钙的吸收，对宝宝的骨骼发育和新妈妈预防产后腰背酸痛都有益处。

早餐

胡萝卜菠菜炒饭

原料：米饭 1 碗，鸡蛋 2 个，胡萝卜、菠菜各 20 克，葱末、盐各适量。

做法：

1 胡萝卜洗净，切丁；菠菜洗净，切碎；鸡蛋打成蛋液。

2 油锅烧热，放鸡蛋液炒散成块，盛出。

3 另起油锅烧热，放葱末煸香，加入胡萝卜丁、菠菜碎、鸡蛋块翻炒片刻，加米饭、盐炒均即可。

功效：此饭富含蛋白质、胡萝卜素、铁、钙等营养素，有利于新妈妈身体恢复和乳汁质量提高。

早餐

陈皮海带粥

原料：海带 15 克，大米 50 克，陈皮、白糖各适量。

做法：

1 海带泡发，洗净，切成碎末；陈皮洗净，切条。

2 大米淘洗干净，放入锅中，加适量水煮沸。

3 放入陈皮条、海带末，边煮边不停地搅动，用小火煮至粥熟，加白糖调味即可。

功效：此粥有补气养血、清热利水、安神健身的作用。

加餐

草莓蛋饼

原料：草莓 5 个，鸡蛋 1 个，面粉适量。

做法：

1 将鸡蛋打散，加水和面粉调成糊；草莓洗净，切粒。

2 油锅烧热，倒入面糊，摊成蛋饼。

3 将蛋饼切条，卷成卷，草莓粒放在蛋饼卷上即可。

功效：水果和蛋饼的搭配，可开胃，又不会让新妈妈长胖。

忌吃寒凉食物

哺乳妈妈要避免吃寒凉的食物，以免引起身体不适，影响乳汁分泌。

午餐

牛肉粉丝汤

原料：牛肉 100 克，粉丝 20 克，虾 10 只，盐、酱油、淀粉、香菜叶各适量。

做法：

1 粉丝泡发；虾去虾线，洗净；牛肉洗净切块，加淀粉、酱油、盐拌匀腌 20 分钟。

2 锅中放水烧沸，放粉丝，中火煮至粉丝熟透，连汤捞入碗中。

3 另起油锅烧热，放入腌好的牛肉块、虾炒好，加盐调味，出锅浇在粉丝汤中，撒上香菜叶即可。

功效：此汤钙、铁、蛋白质含量高，适合给哺乳妈妈补充营养。

加餐

红枣枸杞粥

原料：枸杞 5 克，红枣 2 颗，大米 30 克，白糖适量。

做法：

1 将枸杞洗净，除去杂质；红枣洗净，去核；大米淘洗干净，浸泡 30 分钟。

2 将枸杞、红枣和大米放入锅中，加适量水，用大火烧沸。

3 转小火继续熬煮 30 分钟，加入白糖调味即可。

功效：枸杞、红枣都可滋养气血，对气血不足、脾胃虚弱的新妈妈来说是很好的补品。

晚餐

香菇炒菜花

原料：菜花 250 克，干香菇 2 朵，高汤、盐、葱丝、姜丝、香油各适量。

做法：

1 菜花洗净后掰成小朵，用开水焯一下；干香菇泡发后去蒂、洗净，切丁。

2 葱丝、姜丝放入油锅爆香，加入高汤和盐，烧沸后放入香菇丁和菜花。

3 小火煮 5 分钟后，淋香油即可。

功效：菜花富含多种维生素，而且属于低脂食物，很适合想要控制体重的新妈妈食用。

今日主打食材——牛肉

牛肉富含蛋白质，含有人体必需的氨基酸，而且牛肉脂肪含量较低，适合需要控制体重的新妈妈食用。

白萝卜炖牛肉

油锅爆香葱花和姜末，放入牛肉块略炒，加水、酱油，煮至快熟时放白萝卜块炖熟，加盐即可。

番茄炖牛肉

油锅爆香葱花，放入牛肉块略炒，加水、酱油炖 1 小时，再放番茄块、盐，烧煮至牛肉软烂即可。

肾功能不好的新妈妈不宜食用牛肉。

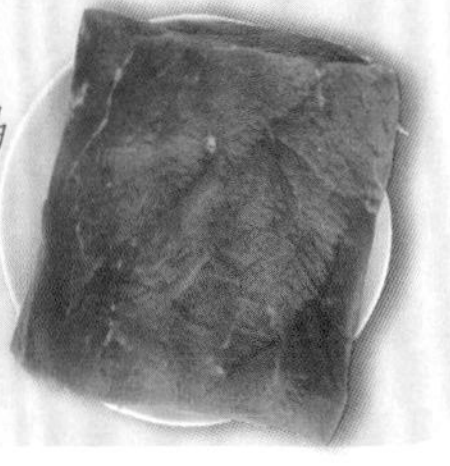

鳝鱼一定要烹饪熟透后再食用。

少吃油炸食物

非哺乳妈妈不需要给宝宝喂奶，但饮食上也要注意，少吃油炸食物，以免发胖。

早餐

如意蛋卷

原料：草鱼净肉 100 克，蒜薹 50 克，鸡蛋 1 个，紫菜、盐、水淀粉各适量。

做法：

1 草鱼净肉剁成肉泥，加盐、水淀粉，搅拌上劲。

2 蒜薹洗净切长段，焯烫；鸡蛋打散，入油锅制成蛋皮。

3 蛋皮上铺紫菜，草鱼肉泥；蒜薹段各放一边，卷起，在中间汇合处抹少许水淀粉粘上，上锅蒸熟即可。

功效：如意蛋卷营养均衡，能提升食欲、补充营养。

早餐

小米鳝鱼粥

原料：小米 30 克，鳝鱼肉 50 克，胡萝卜、姜末、盐各适量。

做法：

1 将小米洗净；鳝鱼肉切成段；胡萝卜切成小丁。

2 砂锅中加适量清水，烧沸后放小米，小火煲 20 分钟。

3 放入姜末、鳝鱼肉段、胡萝卜丁煲 15 分钟，熟透后，放入盐调味即可。

功效：此粥有益气补虚的功效，有利于新妈妈的身体恢复。

加餐

猪蹄通草汤

原料：猪蹄 150 克，通草 5 克，花生仁 20 克，盐、料酒各适量。

做法：

1 猪蹄洗净，切成块；花生仁用水泡透；通草洗净切段。

2 锅内加入适量水烧开，放猪蹄块，汆去血沫，捞出。

3 油锅烧热，放入猪蹄块，淋入料酒爆炒片刻，加入清水、通草段、花生仁，用中火煮至汤色变白，加盐调味即可。

功效：猪蹄通草汤是常见的针对新妈妈缺乳的食疗方。

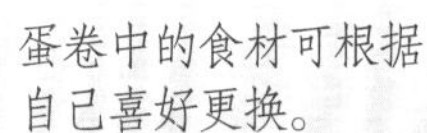

蛋卷中的食材可根据自己喜好更换。

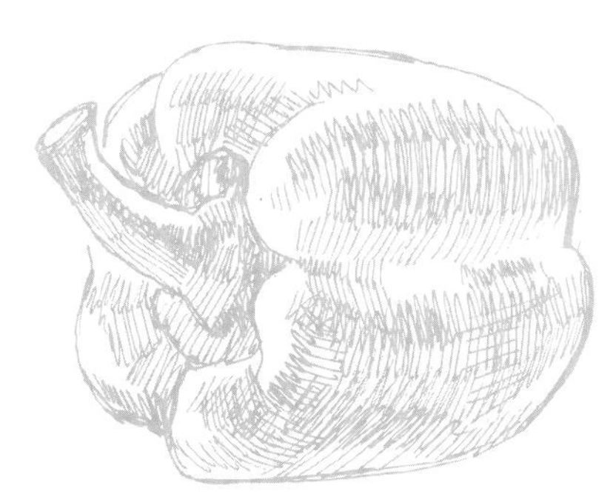

少吃过硬食物

炒花生、炒蚕豆、炒黄豆、炒腰果，这些需要用力咀嚼的食物新妈妈要少吃，对牙齿不好。

午餐

山药虾仁

原料：山药200克，虾仁100克，胡萝卜50克，鸡蛋清、盐、淀粉、料酒各适量。

做法：

1 山药去皮，洗净，切片，用开水焯烫；虾仁洗净，去虾线，用鸡蛋清、盐、淀粉腌片刻；胡萝卜洗净，切片。

2 油锅烧热，下虾仁炒至变色，捞出备用，放山药片、胡萝卜片炒熟，加料酒、盐，再放虾仁翻炒均匀即可。

功效：山药和虾仁都属于低脂肪食物，山药滋补脾胃，虾仁可提供优质蛋白质。

加餐

什锦水果羹

原料：苹果、草莓、白兰瓜、猕猴桃各50克。

做法：

1 将苹果、白兰瓜洗净去皮、去子、去核，切同样大小的方丁；草莓洗净，去蒂，切成两半；猕猴桃剥皮取肉，切块。

2 将苹果丁、白兰瓜丁、猕猴桃块、草莓块一同放入锅内，加清水大火煮沸，转小火再煮10分钟即可。

功效：水果是预防便秘、恢复苗条身材的好食材，煮着吃更养胃。

晚餐

蜂蜜红薯角

原料：红薯1个，蜂蜜、干桂花、黄油各适量。

做法：

1 红薯去皮，切成不规则的小块，和黄油拌匀，放入烤盘。

2 烤箱预热至200℃，入红薯块烤20分钟至红薯条略微焦黄，取出晾凉。

3 在红薯角上淋上蜂蜜，撒上干桂花即可。

功效：蜂蜜和红薯都能有效预防便秘，如果新妈妈怕长胖，可每次少吃点。

今日主打食材——红薯

红薯是很好的低脂肪、低热量食物，它能有效地阻止糖类变为脂肪，其丰富的膳食纤维可润肠通便。

煮红薯

锅中水煮沸后放入洗净的红薯，改用小火煮10分钟后再大火煮熟即可。

烤红薯

红薯洗净擦干水，用厨房纸包住放入微波炉转3~5分钟，然后翻面转相同时间即可。

第16天

为了宝宝的健康成长，哺乳妈妈应该尽量做到不挑食，常吃下奶、补血的食物，另外，也要加强补钙，羊骨、鱼汤、黑豆等都是不错的选择。饮食中的水分要多一些，如多喝汤、牛奶、粥等。

早餐

莴笋肉粥

原料：莴笋20克，猪肉50克，大米30克，盐、酱油、香油各适量。

做法：

1 将莴笋去皮洗净，切丝；猪肉洗净切末，加酱油和少许盐腌10~15分钟。

2 将大米洗净后加清水放入锅中，大火煮沸后加莴笋丝和猪肉末，用小火煮至熟。

3 出锅前加盐、香油调味即可。

功效：莴笋对缓解神经衰弱和心烦失眠有一定的疗效。

早餐

白菜豆腐粥

原料：大米50克，白菜叶50克，豆腐60克，葱丝、盐各适量。

做法：

1 大米淘洗干净，倒入盛有适量水的锅中熬煮。

2 白菜叶洗净，切丝；豆腐洗净，切块。

3 油锅烧热，炒香葱丝，放入白菜叶丝、豆腐块同炒片刻。

4 白菜叶丝、豆腐块倒入粥锅中，加适量盐继续熬煮至粥熟即可。

功效：白菜豆腐粥清淡可口，低脂、低热量，让新妈妈清晨就有一个好胃口。

加餐

羊骨小米粥

原料：羊骨50克，小米30克，陈皮丝、姜丝、苹果块各适量。

做法：

1 小米洗净，浸泡一会儿；羊骨洗净，捣碎。

2 在锅中放入适量清水，将羊骨、陈皮丝、姜丝、苹果块放入锅中，用大火烧沸。

3 放入小米后小火熬煮，待小米熟透即可。

功效：此粥营养丰富，能补钙、补血，帮助恢复身体，还有催乳功效。

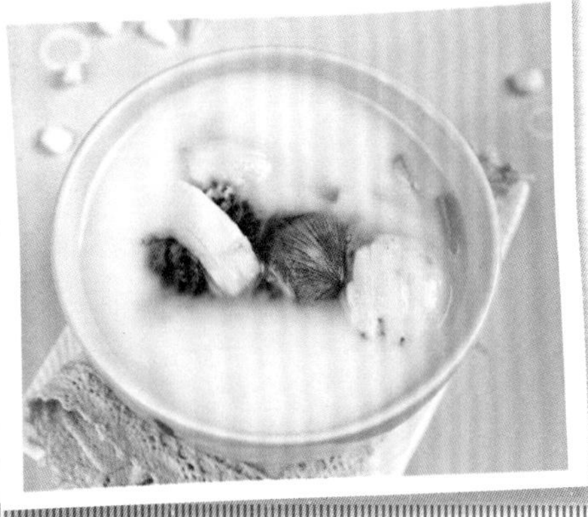

非哺乳妈妈继续补气血

非哺乳妈妈的身体还未完全恢复，所以不要忽视自身的保健，要继续补血益气。

午餐

奶汁百合鲫鱼汤

原料：鲫鱼 1 条，牛奶 150 毫升，木瓜 20 克，百合 15 克，盐、姜末各适量。

做法：

1. 鲫鱼处理干净；木瓜去皮、去瓤，洗净，切片；百合洗净，掰小片。
2. 油锅烧热，将鲫鱼两面略煎。
3. 加水、姜末，烧开后小火慢炖。
4. 当汤汁呈奶白色时放木瓜片、百合片、牛奶煮熟，出锅前放盐调味即可。

功效：鲫鱼汤是公认的绝佳催奶汤，而且味道清香，适合哺乳妈妈催乳进补。

加餐

香菇豆腐塔

原料：豆腐 300 克，香菇 3 朵，香菜、酱油、白糖、香油、水淀粉各适量。

做法：

1. 豆腐洗净，切大块，中心挖空；香菇洗净，剁碎；香菜洗净，剁碎。
2. 香菇碎和香菜碎用白糖及水淀粉拌匀即为馅料；将馅料放入豆腐中心，摆在碟上放锅中蒸熟，淋上香油、酱油即可。

功效：豆腐富含蛋白质；香菇富含多糖以及氨基酸，是增强抵抗力的低脂食物。

晚餐

黑豆煲瘦肉

原料：黑豆 30 克，猪瘦肉 100 克，香菜叶、盐、姜片各适量。

做法：

1. 黑豆洗净，泡发。
2. 猪瘦肉洗净，切成厚块，在沸水中汆去血水。
3. 在锅中放入适量清水，放入猪瘦肉块和黑豆、姜片，煲熟后放入盐调味，撒上香菜叶即可。

功效：黑豆能补钙、补肾；猪瘦肉提供蛋白质，二者搭配食用营养又不长胖。

今日主打食材——黑豆

黑豆是典型的高蛋白、低脂肪食物，含有人体必需的 8 种氨基酸，能提高新妈妈的免疫力。

黑豆浆

黑豆、黄豆洗净浸泡 12 小时，放入豆浆机制成豆浆，晾温后加蜂蜜调味即可。

黑豆汤

黑豆洗净浸泡 10 个小时，放入锅中，加入适量清水和冰糖，煮 2 个小时即可。

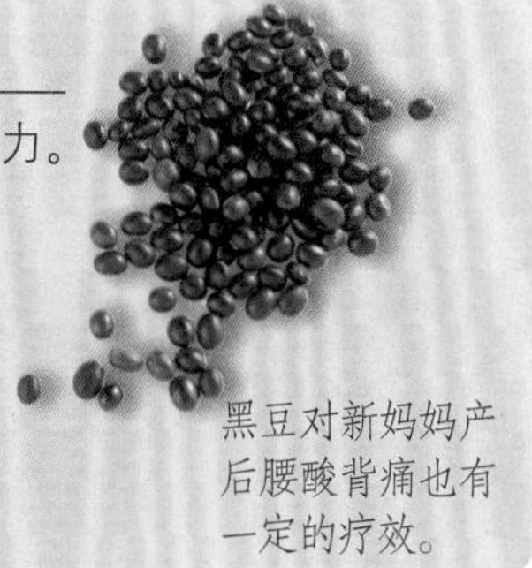

黑豆对新妈妈产后腰酸背痛也有一定的疗效。

第17天

产后新妈妈有水肿是正常的，如果新妈妈觉得自己过于“虚胖”，可以多吃些消水肿的食物，红豆、冬瓜、鸭肉等都有消肿利尿的功效，可排出身体里多余的水分，利于新妈妈恢复身材。

早餐

红豆黑米粥

原料：红豆50克，黑米50克，大米20克。

做法：

1 红豆、黑米、大米分别洗净，用清水泡1小时。

2 将浸泡好的红豆、黑米、大米放入锅中，加入足量水用大火煮开。

3 转小火继续煮至红豆开花，黑米、大米熟透即可。

功效：黑米滋阴养肾、补胃暖肝，可缓解新妈妈头晕目眩、贫血、腰酸等不适。

早餐

雪菜肉丝面

原料：面条100克，猪肉丝60克，雪菜30克，盐、葱花、姜末、高汤各适量。

做法：

1 雪菜洗净，加清水浸泡2小时，捞出沥干，切碎末。

2 油锅烧热，下葱花、姜末、猪肉丝煸炒至肉丝变色，放雪菜末翻炒，放盐，炒熟后盛出。

3 煮熟面条，挑入碗内，舀入高汤，浇上炒好的雪菜肉丝即可。

功效：雪菜富含维生素C、钙和膳食纤维等营养素，煮面吃美味又不会给新妈妈增加多余热量。

加餐

银耳鸡汤

原料：银耳20克，鸡汤、盐、白糖各适量。

做法：

1 将银耳用温水浸泡20分钟，泡发后去蒂，洗净，撕小朵。

2 将银耳放入砂锅中，加入适量清水，用小火炖30分钟左右。

3 待银耳炖透后放入鸡汤，等烧沸后，加入盐、白糖调味即可。

功效：银耳鸡汤有滋补强身的功效，适宜气虚体弱的新妈妈补养身体。

荤素搭配补锰

锰是宝宝健康发育的重要元素，植物中的锰元素吸收利用率低，所以饮食宜荤素搭配。

午餐

莲子薏米煲鸭汤

原料：鸭肉 150 克，莲子 10 克，薏米 20 克，葱段、姜片、百合、盐各适量。

做法：

1 把鸭肉切成块，放入开水中汆一下捞出；百合洗净，掰成片；薏米、莲子分别洗净用水浸泡 1 小时。

2 锅中加开水，依次放入鸭肉块、葱段、姜片、莲子、百合片、薏米，用大火煲熟。

3 待汤煲好后加盐调味即可。

功效：鸭肉可滋阴、补肾、消水肿，其脂肪酸易于消化，能帮助新妈妈恢复身体、消除水肿。

加餐

红豆西米露

原料：红豆、西米各 30 克，白糖、牛奶各适量。

做法：

1 红豆洗净，用清水浸泡 4 个小时；西米洗净备用。

2 红豆放入锅中煮烂，捞出；西米入沸水煮至中间只剩小白点，关火闷 10 分钟。

3 将西米盛入装有牛奶的碗中，放入冰箱冷藏半小时。

4 取出后将煮熟的红豆放入搅匀，加白糖调味即可。

功效：红豆能清热解毒、消肿利尿、健脾益胃，常吃能帮助新妈妈消除水肿。

晚餐

鸡肉扒油菜

原料：鸡肉 150 克，油菜 200 克，牛奶、水淀粉、料酒、葱末、盐各适量。

做法：

1 将油菜洗净，切成长段。

2 鸡肉洗净，切成长条，放入开水中汆烫，捞出。

3 油锅烧热，放入葱末炒香，然后放鸡肉条、油菜段翻炒。

4 放入牛奶、料酒、盐，大火烧开，用水淀粉勾芡即可。

功效：鸡肉扒油菜营养美味，油菜中的膳食纤维可减少新妈妈对脂肪的摄入。

今日主打食材——红豆

红豆含较多的皂角甙，有化湿利水的作用，还富含叶酸，新妈妈吃了有催乳、消肿的功效。

蜂蜜红豆

红豆洗净浸泡 12 小时后放入锅中煮熟烂，盛出后晾温，拌上蜂蜜即可。

红豆豆浆

红豆、黄豆洗净浸泡 12 小时后放入豆浆机制成豆浆即可。

尿频的新妈妈应少吃或不吃红豆，以免加重尿频。

花生可催乳

花生是很好的催乳食物，可搭配大米、小米煮粥，或者与肉类炖汤。

早餐

爆鳝鱼面

原料：鳝鱼200克，菠菜20克，面条100克，盐、酱油、葱段、姜片、高汤、水淀粉各适量。

做法：

1 将鳝鱼处理好，洗净切丝；菠菜洗净切段；面条煮熟。

2 油锅烧热，放入姜片、葱段、鳝鱼丝、菠菜段翻炒片刻。

3 加高汤、酱油、盐，烧沸入味后用水淀粉勾芡，浇在面条上即可。

功效：鳝鱼中含有丰富的DHA和卵磷脂，可帮助哺乳妈妈改善记忆力，也可促进宝宝大脑发育。

早餐

百合荸荠粥

原料：百合10克，荸荠30克，糯米、大米各30克，枸杞、冰糖各适量。

做法：

1 百合洗净，掰小片；荸荠去皮，洗净切片；糯米、大米分别洗净，浸泡1小时。

2 锅置火上，放入糯米、大米和适量清水，大火烧沸后改小火熬煮至粥熟。

3 放入荸荠片、百合片、枸杞和冰糖煮熟即可。

功效：此粥有润肺止咳、养阴清热、利湿化湿的功效。

加餐

花生鸡爪汤

原料：鸡爪50克，花生仁20克，姜片、盐各适量。

做法：

1 鸡爪剪去爪尖，洗净；花生仁用温水浸泡30分钟。

2 锅中加适量水，大火煮沸后，放入鸡爪、花生仁、姜片，煮至熟透。

3 加盐调味，转小火稍焖煮即可。

功效：此汤能促进新妈妈乳汁分泌，有利于子宫恢复，在进补的同时也不会长胖。

这种做法能很大程度地保留鸡肉的营养。

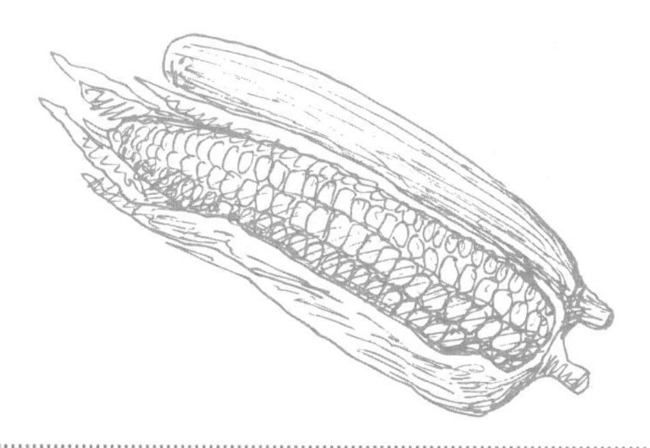

不宜总喝猪骨汤

猪骨汤虽然好，但是也不能顿顿喝，而且要加入蔬菜一起做，这样可以减少脂肪摄入。

午餐

白斩鸡

原料：三黄鸡1只，葱花、姜末、香油、醋、盐、白糖各适量。

做法：

1 三黄鸡去内脏，洗净，放入热水锅，小火焖30分钟。

2 葱花、姜末同放到碗里，再加入白糖、盐、醋、香油，用焖鸡的鸡汤将其调匀。

3 把鸡拿出来剁块，放入盘中，把调好的料汁淋到鸡肉块上即可。

功效：白斩鸡保留了三黄鸡的原味，脂肪含量也较低，新妈妈享受美味时不用担心长胖。

加餐

松仁玉米

原料：玉米粒100克，豌豆、松仁各30克，胡萝卜丁、葱花、盐、白糖、水淀粉各适量。

做法：

1 豌豆、松仁洗净。

2 油锅烧热，放入葱花煸香，然后下胡萝卜丁翻炒，再下豌豆、玉米粒翻炒至熟，加盐、白糖调味，加松仁，出锅前用水淀粉勾芡即可。

功效：松仁玉米有降低胆固醇、防止细胞衰老以及减缓脑功能退化等功效。

晚餐

猪骨萝卜汤

原料：猪棒骨200克，白萝卜50克，胡萝卜30克，陈皮3克，红枣4颗，盐适量。

做法：

1 猪棒骨洗净，用开水汆烫，洗去血沫；白萝卜、胡萝卜去皮，洗净，切滚刀块；陈皮浸开，洗净。

2 锅内放适量清水，待水煮沸时，放入猪棒骨、白萝卜块、胡萝卜块、陈皮、红枣同煲3小时，最后加盐调味即可。

功效：猪骨汤可补钙、提供胶原蛋白，烹饪时不需再加植物油，以免新妈妈摄入太多油脂。

今日主打食材——荸荠

荸荠可促进体内的碳水化合物、脂肪、蛋白质三大物质的代谢，调节酸碱平衡，有利于新妈妈健康瘦身。

水煮荸荠

荸荠洗净表皮放入锅中，加四五倍清水煮至水干（这样更香甜），吃时削皮即可。

荸荠炒肉丝

油锅爆香葱花，加入猪肉丝翻炒，再加入荸荠片翻炒至熟，加盐即可。

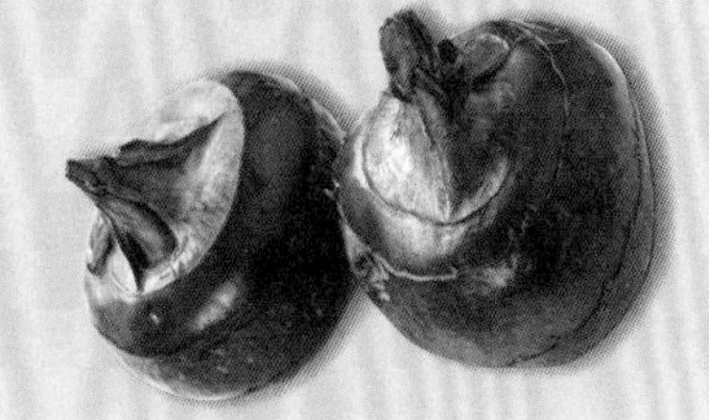

第18天

哺乳期的新妈妈应该多补充有利于宝宝大脑发育的食物，如芝麻、核桃等坚果，可以直接吃也可以煲汤、煮粥时加入，这些食物含有丰富的不饱和脂肪酸，对提高大脑记忆力有好处。但坚果油脂较多，新妈妈每次不要吃太多。

早餐

核桃红枣粥

原料：核桃仁20克，红枣5颗，大米30克，冰糖适量。

做法：

1 将大米洗净；红枣去核洗净；核桃仁洗净。

2 将大米、红枣、核桃仁放入锅中，加适量清水，用大火烧沸后改用小火，等大米成粥后，加入冰糖搅匀即可。

功效：核桃可补脑力、通经络、黑秀发，煮粥吃美味营养还不上火。

早餐

莲藕瘦肉麦片粥

原料：大米50克，莲藕片30克，猪瘦肉丁20克，玉米粒、枸杞、麦片、葱花、盐各适量。

做法：

1 大米洗净，泡30分钟；枸杞洗净。

2 将莲藕片、玉米粒焯熟；猪瘦肉丁炒熟；大米熬煮成粥；把藕片、玉米粒、猪瘦肉丁、枸杞、麦片放入粥中，继续煮至软烂。

3 最后加盐，撒上葱花即可。

功效：麦片和莲藕富含膳食纤维，可促进肠胃蠕动，能帮助新妈妈减去多余的脂肪。

加餐

鸡蛋菠菜煎饼

原料：鸡蛋2个，菠菜50克，面粉100克，盐适量。

做法：

1 菠菜洗干净，切细碎。

2 鸡蛋打入面粉中，加适量清水，搅拌成糊状。

3 面糊中放菠菜碎和盐，拌匀。

4 油锅烧热，舀一勺面糊放入锅内把面糊摊圆。

5 待煎饼呈鼓起状时，用铲子翻面，待两面金黄时即可出锅。

功效：菠菜含有大量叶酸，而且钙、钾含量也较高，对母乳喂养的宝宝发育有益。

还可将菠菜换成西葫芦、土豆等蔬菜。

注意休息

哺乳妈妈晚上要起来给宝宝喂奶，所以平日要注意多休息，以免使本就虚弱的身体更加疲惫。

午餐

猪蹄肉片汤

原料：猪蹄1个，猪瘦肉片、冬笋片、木耳、肉皮、香油、姜片、盐各适量。

做法：

1 肉皮泡发切片；木耳泡发，撕小朵；猪蹄洗净，切块，用沸水汆烫，除去血沫。

2 锅中放香油烧热，放姜片、肉皮片、猪蹄块、猪瘦肉片炒变色。

3 炒好的猪蹄块、猪瘦肉片、肉皮片、木耳、冬笋片放入高压锅中加水同煮，待猪蹄烂透，加盐、香油调味即可。

功效：此汤通乳补虚，但热量较高，新妈妈不要吃太多。

加餐

番茄胡萝卜汁

原料：番茄1个，胡萝卜半根，蜂蜜适量。

做法：

1 番茄、胡萝卜分别去皮洗净，切块。

2 将番茄块、胡萝卜块放入榨汁机中，加适量温开水，搅打成汁。

3 调入蜂蜜即可。

功效：番茄、胡萝卜中富含胡萝卜素、膳食纤维等营养素，既可排毒瘦身，又能提高新妈妈的免疫力。

晚餐

豌豆炒鱼丁

原料：豌豆100克，鳕鱼200克，盐适量。

做法：

1 鳕鱼去皮、去骨刺，切成小丁；豌豆洗净。

2 油锅烧热，倒入豌豆翻炒片刻，下入鳕鱼丁、盐翻炒均匀。

3 待鳕鱼丁、豌豆熟透即可。

功效：豌豆炒鱼丁能促进乳汁分泌，而且其脂肪含量低，适合体重超标的新妈妈进补。

今日主打食材——鳕鱼

鳕鱼富含蛋白质、维生素、矿物质等多种营养素，但脂肪含量低，适合新妈妈进补食用。

清蒸鳕鱼

鳕鱼块用盐、姜丝腌制后，放入蒸锅，隔水蒸10分钟，淋上蒸鱼豉油，撒上葱花即可。

香煎鳕鱼

鳕鱼块用盐、红酒腌制后，放入油锅煎熟，挤上柠檬汁即可。

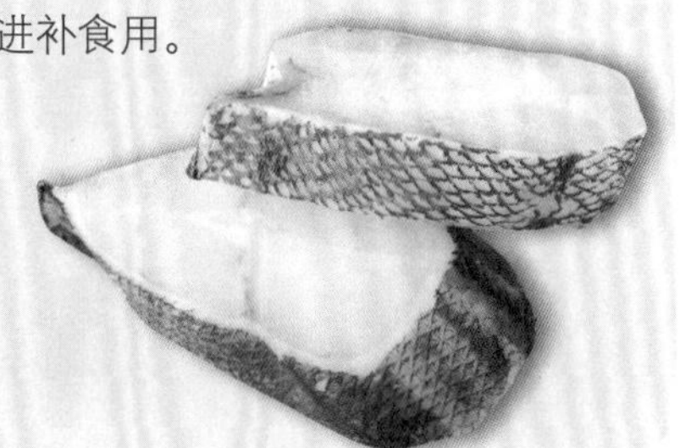

第19天

一直流传"生完孩子傻三年"这样的说法，其实，并不是指新妈妈真的傻了，而是新妈妈因激素变化引发的记忆力衰退、反应变得相对迟钝等一系列表现。这时，新妈妈可以多吃一些益智健脑的食物，如鸡蛋、核桃、鱼等。

早餐

银耳樱桃粥

原料：水发银耳20克，樱桃、大米各30克，糖桂花适量。

做法：

1 银耳洗净，撕成小朵；樱桃去柄、去核，洗净；大米淘洗干净，浸泡30分钟。

2 锅中放大米及水，用大火烧沸，转小火继续熬煮。

3 待米粒软烂时，加入银耳煮约10分钟，放入樱桃、糖桂花拌匀即可。

功效：银耳樱桃粥既可补血，又可排出毒素，减少脂肪累积。

早餐

鲤鱼粥

原料：鲤鱼1条，大米30克，姜末、葱段、料酒、盐、香油各适量。

做法：

1 鲤鱼剖洗干净后用小火煮汤，加入姜末、葱段和料酒，煮熟后去骨刺，留汤及鱼肉备用。

2 大米洗净，放入锅中用大火煮，待粥黏稠时，加入鱼汤、鱼肉与盐调匀，稍煮片刻。

3 食用时加入香油即可。

功效：此粥鲜滑可口，能补脾健胃，适合给新妈妈作早餐。

加餐

春笋蒸蛋

原料：鸡蛋1个，春笋尖20克，葱花、盐、香油各适量。

做法：

1 鸡蛋磕入碗中打散；春笋尖切成细末。

2 将春笋尖末加入蛋液中，再加温开水至八分满。

3 加适量盐、香油调匀，放入蒸锅隔水蒸熟，撒上葱花即可。

功效：鸡蛋中含有卵磷脂，新妈妈每天吃一两个鸡蛋对神经系统和大脑有益，而且不用担心因此发胖。

多补水分

哺乳妈妈每日水分消耗量很大，除了直接饮水补充，还应多食骨汤、鸡汤、鱼汤以及粥类、豆浆等。

午餐

香菇豆腐鱼头汤

原料：胖头鱼鱼头 1 个，豆腐 100 克，香菇 5 朵，葱花、姜片、盐各适量。

做法：

1. 胖头鱼鱼头处理干净后，切开，洗净后沥水，汆烫；香菇洗净，切十字花刀；豆腐洗净，切块。
2. 鱼头、香菇、姜片和清水放锅内大火煮沸，撇去浮沫。
3. 改小火炖至鱼头快熟时，放豆腐块，继续小火炖至豆腐熟透，最后撒葱花，加盐即可。

功效：胖头鱼鱼头富含磷脂，可帮助新妈妈改善记忆力，且低热量、低脂肪，滋补不怕胖。

加餐

蜜汁山药条

原料：山药 50 克，黑芝麻 10 克，蜂蜜、冰糖各适量。

做法：

1. 黑芝麻炒熟备用；山药洗净去皮，切条。
2. 山药条放入开水中焯熟，捞出码盘。
3. 炒锅中加水，放入冰糖，小火煮至冰糖融化，倒入蜂蜜，熬至开锅冒泡，最后将蜜汁浇在山药上，撒上熟黑芝麻即可。

功效：此甜品能益气补脾，帮助消化，很适合作为新妈妈的加餐。

晚餐

清炒黄豆芽

原料：黄豆芽 300 克，葱花、姜丝、盐各适量。

做法：

1. 黄豆芽掐去根须，洗净。
2. 油锅烧热，放入葱花、姜丝炒出香味，加入黄豆芽同炒至熟，加盐调味即可。

功效：黄豆芽是很经济实用的下奶、补血食材，而且脂肪含量很低，新妈妈常食不用担心会影响身材。

今日主打食材——黄豆芽

黄豆芽热量较低，水分和膳食纤维较高，其在发芽过程中使黄豆中的蛋白质利用率大大提高。

凉拌黄豆芽

黄豆芽洗净入开水中焯 2 分钟，捞出后加入芝麻、盐、醋、酱油等搅拌均匀即可。

清炒黄豆芽

油锅爆香葱花，放入黄豆芽翻炒至熟，加入盐、香油调味即可。

第20天

坐月子期间，新妈妈应该注意膳食纤维的补充，膳食纤维可以加强肠壁蠕动，促使人体内废物的排泄，利于身体新陈代谢。玉米、豌豆、苹果等都含有膳食纤维，新妈妈可以多吃些。

早餐

菠菜玉米糙粥

原料：菠菜 50 克，玉米糙 50 克。

做法：

1. 将菠菜洗净，切碎；玉米糙放入碗中，加入少量凉水，拌匀。
2. 锅中放入适量水，待水开之后放入搅拌均匀的玉米糙。
3. 粥熬上七八分钟时，放入切好的菠菜碎，煮至水再沸即可。

功效：玉米糙富含有机酸和膳食纤维；菠菜是补血养颜佳品，两者都利于新妈妈的恢复。

早餐

鲢鱼小米粥

原料：鲢鱼 1 条，丝瓜仁 10 克，小米 60 克，盐适量。

做法：

1. 鲢鱼去内脏、鳞，洗净，切成块；丝瓜仁、小米洗净，小米浸泡 2 小时。
2. 锅置火上，放入小米和适量水，大火烧沸后改小火，熬煮成粥。
3. 待粥煮熟时，放入鱼块，再次烧沸后放入丝瓜仁，煮熟，加盐调味即可。

功效：此粥健脾养胃，能够改善哺乳妈妈产后少乳的症状。

加餐

红枣银耳汤

原料：银耳 15 克，红枣 8 颗，枸杞、冰糖各适量。

做法：

1. 银耳用温水泡发；红枣洗净，去核。
2. 在锅中放入清水，将红枣和银耳、枸杞一同放入锅中用大火烧沸。
3. 然后改用小火，加入适量冰糖，煮开即可。

功效：银耳含有的膳食纤维利于排毒瘦身，含有的酸性黏多糖可增强新妈妈的免疫力。

猪蹄宜先汆后煲

如果新妈妈觉得猪蹄汤油腻，可以先将猪蹄汆烫，再放入适量葱、姜、料酒煲汤，可减少油腻。

冬瓜是产后新妈妈瘦身的好食材。

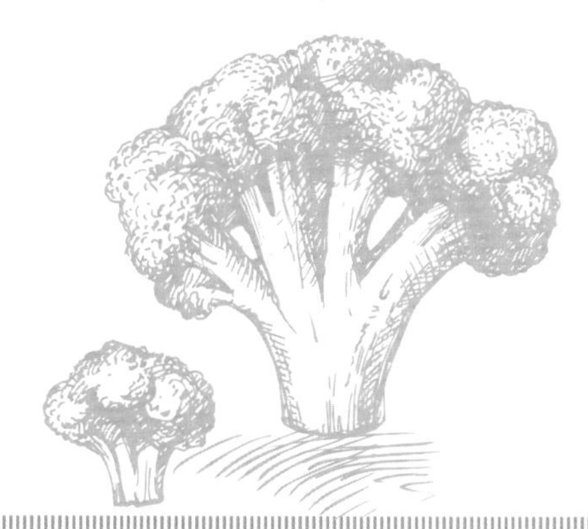

午餐 王不留行猪蹄汤

原料：猪蹄1个，王不留行10克，盐适量。

做法：

1 王不留行用纱布包裹；猪蹄洗净，切块。

2 王不留行纱包和洗净的猪蹄块一起放进锅内，加水煮烂。

3 出锅前取出纱包，加盐即可。

功效：猪蹄汤常用于乳汁不足的食疗，加上王不留行，催乳效果更强。

加餐 冬瓜陈皮汤

原料：冬瓜200克，陈皮5克，香菇1朵，香油、盐各适量。

做法：

1 将冬瓜去皮，洗净，切块；陈皮用温水浸泡5分钟，洗净，切丝；香菇去蒂洗净，切十字花刀。

2 冬瓜块、陈皮丝和香菇放入砂锅中，加入适量清水，大火煮沸后转小火煲1小时，加盐调味，淋入香油即可。

功效：冬瓜中富含维生素C和钾，有助于新妈妈排毒和消除水肿，利于控制体重。

晚餐 西蓝花炒猪腰

原料：猪腰100克，西蓝花200克，葱段、姜片、料酒、酱油、盐、白糖、水淀粉、香油各适量。

做法：

1 将猪腰去腥臊部分，在料酒中浸泡后捞出切花刀；西蓝花切块，焯水。

2 油锅烧热，将葱段、姜片爆香后放入猪腰，加酱油、盐、白糖煸炒，放入西蓝花块一同煸炒，再加水淀粉勾芡，以香油调味即可。

功效：西蓝花富含维生素C；猪腰富含维生素A，两者搭配营养丰富又不会让新妈妈长胖。

今日主打食材——西蓝花

西蓝花热量较低，它既可以补充维生素，又不会使人发胖，常吃还可以抗衰老，防止皮肤干燥。

清炒西蓝花

西蓝花掰小朵焯水；油锅烧热，放入西蓝花朵翻炒至熟，加盐调味即可。

西蓝花炒虾仁

油锅烧热，放入虾仁翻炒；加入焯过水的西蓝花朵同炒至熟，加盐即可。

第21天

碘对宝宝很重要，哺乳妈妈在平时的饮食中要注意碘的摄入，含碘丰富的海产品，如紫菜、海带、海藻等，可以多食用。除了在饮食中注意补碘外，还应该坚持食用加碘盐，加强补充碘。

早餐

鲜肉小馄饨

原料： 鸡蛋1个，猪肉末150克，馄饨皮、紫菜、海米、葱花、姜末、盐、生抽、蚝油、香油各适量。

做法：

1 将猪肉末、鸡蛋、盐、生抽、蚝油、葱花、姜末混合，拌匀做成肉馅。

2 肉馅放入馄饨皮中包好。

3 锅中倒适量清水，放入紫菜和海米煮沸，再放入馄饨煮熟，出锅淋上香油即可。

功效： 鲜肉小馄饨营养搭配全面，可暖胃、益智、增强抵抗力。

早餐

香菇玉米粥

原料： 香菇、玉米粒、大米各50克，白糖适量。

做法：

1 香菇洗净，切丁；玉米粒洗净；大米洗净，浸泡30分钟。

2 锅置火上，放大米和适量水，大火烧沸后改小火继续熬煮。

3 放香菇丁、玉米粒煮至粥黏稠，加入白糖调味即可。

功效： 玉米含有丰富的膳食纤维，不但可以刺激胃肠蠕动，防止便秘，还可以促进胆固醇的代谢，加速肠内毒素的排出。

加餐

清炒蚕豆

原料： 去皮蚕豆300克，红椒、葱末、盐各适量。

做法：

1 将红椒洗净切丁；蚕豆洗净。

2 油锅烧至八成热时，放入葱末炝锅，再放入蚕豆大火翻炒，加水焖煮，水量与蚕豆持平。

3 蚕豆熟透后，加红椒丁翻炒片刻，加盐调味即可。

功效： 蚕豆含有调节大脑和神经组织的重要成分，能够增强记忆力，而且蚕豆的脂肪含量少，利于新妈妈控制体重。

哺乳期要补钙

哺乳妈妈要注意补钙，适当吃些虾皮、排骨等，但一定要少吃盐，否则会抑制钙吸收。

午餐

莲藕排骨汤

原料：排骨 150 克，莲藕 100 克，葱花、姜片、盐各适量。

做法：

1 将排骨斩段，洗净，放入沸水中汆烫，撇去血沫，捞出洗净沥干；莲藕去皮洗净，切片。

2 排骨段放入锅中，加姜片，放入适量水，大火烧开，煮 15 分钟。

3 放入莲藕片，改用小火，炖熟后，放入盐、葱花即可。

功效：此汤能清热凉血，补钙养血，增强新妈妈的抵抗力。

加餐

奶香麦片粥

原料：大米 30 克，麦片 15 克，牛奶 250 毫升，高汤、白糖各适量。

做法：

1 将大米、麦片洗净，加入适量水浸泡 30 分钟。

2 在锅中加入高汤，放入大米、麦片大火煮沸，转小火煮至粥稠。

3 加入牛奶继续熬煮，待再次煮沸后加入白糖调味即可。

功效：麦片含有丰富的膳食纤维，能够促进肠道消化，帮助代谢，实现健康瘦身。

晚餐

丝瓜蛋汤

原料：丝瓜 50 克，鸡蛋 1 个，盐、香菜叶、香油各适量。

做法：

1 鸡蛋打散，加适量香油拌匀。

2 丝瓜洗净，去皮，切成滚刀块。

3 锅置火上，加入适量清水，水开后加入丝瓜块，倒入鸡蛋液，起锅加盐，撒上香菜叶即可。

功效：此汤蛋白质、维生素含量高，脂肪含量低，有助于减肥，还能够提高身体的抗过敏能力。

今日主打食材——莲藕

莲藕中含有黏液蛋白和膳食纤维，能与人体内胆酸盐、食物中的胆固醇及甘油三酯结合，使其从粪便中排出，从而减少脂类的吸收。

清炒藕片

油锅爆香葱花，加入藕片、醋，翻炒至熟，加盐调味即可。

糖醋藕丁

藕丁焯水后入油锅翻炒，加入生抽、老抽、醋、盐调味，用水淀粉收汁即可。

第 4 周

新妈妈的身体变化

乳房

此时新妈妈的乳汁分泌已经增多，但同时也容易得急性乳腺炎，因此要密切观察乳房的状况。如果有乳腺炎情况发生，先不要着急，若情况不严重，要勤给宝宝喂奶，让宝宝尽量把乳房里的乳汁吃干净，若情况还没有改善，需及时去医院就诊。

胃肠

经过了 3 周的休息，新妈妈的胃肠功能逐渐好起来了，此时可以增加补给，但仍需注意不要给胃肠道造成过重的负担。

子宫

子宫大体复原，产后第 4 周时，新妈妈应该坚持做些产褥体操，以促进子宫、腹肌、阴道、盆底肌的恢复。

伤口及疼痛

剖宫产妈妈手术后伤口上留下的痕迹，一般呈白色或灰白色，光滑、质地坚硬，这个时期开始有瘢痕增生的现象，局部发红、发紫、变硬，并突出皮肤表面。瘢痕增生期一般持续 3 个月至半年左右，纤维组织增生逐渐停止，瘢痕也会逐渐变平、变软。

恶露

产后第 4 周，白色恶露基本上排干净了，变成了普通的白带，但新妈妈也要注意会阴的清洁，勤换内裤。

产后第4周调养方案

到了第4周，很多新妈妈都会感觉身体较前3周有很明显的变化，变得轻快、舒畅了。腹部明显收缩了很多，会阴侧切的和剖宫产的新妈妈也不再觉得伤口疼痛。此时，正是顺应身体的状况，进行大补的好时候。

1 以滋补为主

无论是需要哺乳的新妈妈，还是不需要哺乳的新妈妈，产后第4周的进补都不要掉以轻心，本周可是恢复产后健康的关键时期。因为身体各个器官逐渐恢复到产前的状态，都正常而良好地“工作”着，它们需要在此时有更多的营养来帮助运转，尽快提升元气。

产后的第4周，新妈妈可以多进食一些补充营养、恢复体力的营养菜肴，为以后独立带宝宝打好身体基础。

2 注意肠胃保健

第4周与前3周相比，此时更要注意肠胃的保健，不要让肠胃受到过多的刺激，以免出现腹痛或者是腹泻。注意三餐合理的营养搭配，让肠胃舒舒服服的最关键。早餐可多摄取五谷杂粮类食物，午饭可以多喝些滋补的高汤，晚餐要加强蛋白质的补充，加餐则可以选择桂圆粥、荔枝粥、牛奶等。

营养又不增重的月子餐每日推荐

第4周是新妈妈体质恢复的关键期，身体各个器官逐渐恢复到产前的状态，此时可以大量进补了，可以选择一些热量高的食材，但进补的量要循序渐进，而且不要摄入过多脂肪。

450千卡 早餐 + **200千卡** 加餐 + **700千卡** 午餐 +

早餐 芝麻酱拌面（做法见94页），热量为300千卡。

午餐 奶香鸡丁（做法见95），热量为340千卡。

3 增加蔬果助瘦身

有些新妈妈想通过减少食物摄入量来瘦身，这是不对的，因为此时新妈妈的身体恢复和宝宝对于乳汁的需求，都要求新妈妈保证每天摄入足够的热量。新妈妈平时可以多吃一些清淡、富含膳食纤维的蔬果，可帮助新妈妈代谢体内多余脂肪，自然恢复身材。

新妈妈也要限制零食的摄入，零食的热量极高，新妈妈还是控制一下自己，千万别让零食出现在触手可及的地方，否则会在不知不觉中摄入很多热量。

4 吃些杜仲促恢复

产后吃一些杜仲，有助于促进松弛的盆腔关节韧带的功能恢复，加强腰部和腹部肌肉的力量，尽快保持腰椎的稳定性，减少腰部受损害的概率，从而防止腰部发生疼痛。而且，杜仲还可减轻产后乏力、晕眩、尿频等不适。

第4周 产后恢复关键点

产后第 4 周，是新妈妈即将迈向正常生活的过渡阶段，此时更应继续增强体力与抵抗力，使气血更加充足。在让身体恢复得更加理想的同时，可以把美颜也列入重点。

- 剖宫产妈妈不要过早揭掉伤口的痂，以免落下瘢痕。
- 晚上 10 点到凌晨 2 点是皮肤新陈代谢的时间，新妈妈应在这段时间保证睡眠。
- 护肤品可以根据季节进行更换，夏季选择质地清爽的，冬季选择保湿性强的。
- 非哺乳妈妈虽然不用哺乳，但是也要经常抱宝宝，所以也应选择温和性的护肤产品。
- 经常做做脸部、腹部按摩，能使肌肤尽快恢复紧致。
- 哺乳妈妈出现抑郁时，尽量别服用药物，以免药物成分随着乳汁进入宝宝的身体。
- 新妈妈可以适当加大活动量，以不感到疲劳为限，一定要避免高强度的动作。
- 不宜过早使用祛斑美白产品，随着产后身体的恢复，妊娠斑都会慢慢淡下来。
- 可以做些简单的家务，如给宝宝洗衣服，简单的事情能让新妈妈的生活丰富起来。

新妈妈要及时补钙

0~6 个月的宝宝，骨骼形成所需的钙完全来源于妈妈的乳汁，所以新妈妈应及时补钙。

酸奶

排骨

虾

150千卡 加餐 + 700千卡 晚餐 = 2 200 千卡

不要猛吃猛喝，宜少食多餐

晚餐 美味杏鲍菇（做法见 97），热量为 86 千卡。

酱卤肉制品、烧烤肉制品、熏煮香肠制品含有过量食品添加剂、亚硝酸盐和复合磷酸盐，新妈妈应尽量少吃或者不吃。

本周必吃的5种食材

新妈妈可以开始按高维生素、低脂肪、易消化的饮食原则循序渐进地进补了。新妈妈为了保证身体恢复，可以食用一些高热量食物，但不要暴饮暴食。新妈妈可以适当吃些帮助恢复元气、提高免疫力的食物，如乌鸡、枸杞等。

推荐食谱： 姜枣枸杞乌鸡汤 103 页　玉米番茄羹 110 页　红枣枸杞粥 71 页　玉米香蕉芝麻糊 102 页　鲍汁西蓝花 101 页

乌鸡

补养气血 与一般鸡肉相比，乌鸡有 10 种氨基酸，其蛋白质、维生素 B_2、维生素 E、磷、铁、钾、钠的含量更高，而胆固醇和脂肪含量则很低，乌鸡是补气虚、养身体的上好佳品。食用乌鸡对于产后贫血的新妈妈有明显功效。

推荐补品 姜枣枸杞乌鸡汤（见 103 页）

P 磷

22.3% 蛋白质

Se 硒

维生素 C

番茄

补血 番茄中富含胡萝卜素、钙、维生素 C、B 族维生素等营养，可促进铁的吸收，有助于新妈妈补血。

淡化妊娠纹 番茄可促进新陈代谢，增加皮肤弹性。

推荐补品 番茄牛肉粥（见 104 页）

胡萝卜素

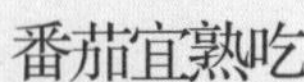

番茄宜熟吃

经过高温、植物油的烹制，番茄的抗氧化作用更明显，所以，熟吃番茄更有益身体健康。

枸杞

调节免疫功能 枸杞中含有大量的蛋白质、氨基酸、维生素和铁、锌、磷、钙等人体必需的养分，有促进和调节免疫功能，保肝和抗衰老的药理作用。

推荐补品 芦荟猕猴桃粥（见 104 页）

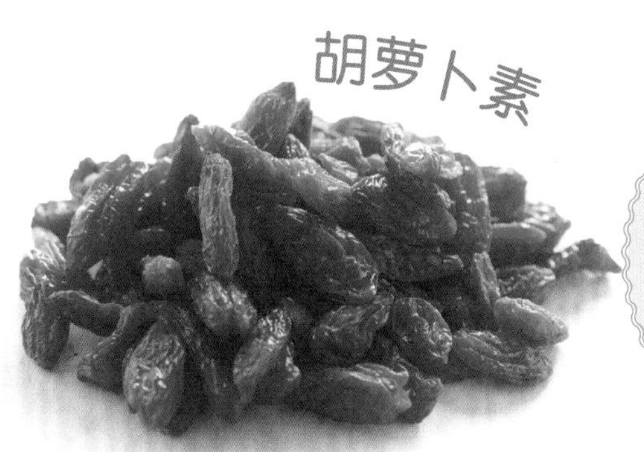

枸杞宜泡水

枸杞有明目、补肾、养肝等功效，保健价值高，可泡水喝，不过感冒、腹泻时不要喝。

Mg镁

香蕉

调整肠胃功能 香蕉内含丰富的可溶性纤维，也就是果胶，可帮助消化，调整肠胃机能。

易吸收 香蕉的糖分可迅速转化为葡萄糖，立刻被人体吸收，是一种快速的能量来源。

推荐补品 风味蛋卷（见 100 页）

西蓝花

增强免疫力 西蓝花富含维生素 C 和叶酸，能增强免疫力，促进铁质的吸收。

缓解焦虑 西蓝花含有一种能稳定情绪、缓解焦虑的物质。

推荐补品 鲍汁西蓝花（见 101 页）

第4周饮食宜忌速查

宜吃豆腐助消化

豆腐营养丰富，含有铁、钙、磷、镁等人体必需的多种矿物质，还含有植物脂肪和丰富的优质蛋白，素有"植物肉"之美称，豆腐的消化吸收率达 95% 以上。此外，豆腐为补益清热养生食品，可补中益气、清热润燥、生津止渴、清洁胃肠。消化不良的新妈妈吃些豆腐可助消化。

宜吃木耳促排泄

木耳含有丰富的膳食纤维和一种特殊的植物胶质，这两种物质能够促进胃肠的蠕动，促进肠道脂质的排泄，降低血脂，从而起到预防肥胖和减肥的作用。

不宜吃过凉的水果

坐月子吃水果，可以根据季节和自己的口味，每天选择两三种食用。如果怕凉，可以把水果在室温下放几个小时或用温水泡一下再食用。食用水果时，新妈妈每次不要吃太多，适量即可。

第22天

进入本周，很多新妈妈以为自己马上就可以出月子了，其实不然，新妈妈从生完宝宝到身体恢复至正常状态，大约需要6周时间，这42天时间称为产褥期，也就是我们通常所说的坐月子，所以新妈妈要继续注意饮食上的滋补和调养。

早餐

香菇鸡汤面

原料：面条100克，香菇4朵，鸡胸肉100克，胡萝卜50克，盐、葱花各适量。

做法：

1 鸡胸肉、香菇、胡萝卜分别洗净，切片；面条煮熟。

2 将煮熟的面条盛入碗中，鸡胸肉片放温水中煮成鸡汤，将鸡胸肉片捞出，汤中加盐调味，放入香菇片、胡萝卜片煮熟。

3 将煮熟的所有食材摆在面条上，淋上鸡汤，撒上葱花即可。

功效：香菇能提高人体抗病能力，可预防感冒。

早餐

芝麻酱拌面

原料：面条100克，黄瓜50克，香菜、芝麻酱、生抽、盐、白糖、香油、白芝麻、花生仁各适量。

做法：

1 黄瓜洗净，切丝；香菜洗净，切碎；混合芝麻酱、生抽、盐、白糖和香油，调成酱汁。

2 油锅烧热，小火翻炒白芝麻、花生仁至出味，盛出碾碎备用。

3 面条放入沸水中，煮熟后过凉沥干，盛盘。

4 酱汁淋在面上，撒黄瓜丝、香菜碎、花生芝麻碎，拌匀即可。

功效：芝麻酱是补钙佳品，做成拌面让新妈妈满口生香。

加餐

海参当归汤

原料：海参50克，干黄花菜、荷兰豆各30克，当归6克，百合、姜丝、盐各适量。

做法：

1 海参洗净，汆烫，沥干，切条；干黄花菜泡好，掐去老根洗净，切段；百合洗净，掰小片；荷兰豆洗净，切段；当归洗净。

2 油锅烧热，爆香姜丝，放黄花菜段、荷兰豆段、当归炒匀，加适量清水煮沸。

3 加入百合片、海参条，大火煮熟透，加盐调味即可。

功效：海参高营养、低脂、低热量，非常适合新妈妈进补。

少吃甜食

新妈妈最好不吃甜食，经常进食糖类，会腐蚀牙釉质，对牙齿造成损害，且容易长胖。

午餐

奶香鸡丁

原料： 鸡腿肉 200 克，木瓜 1 个，淡奶油 120 毫升，盐、淀粉各适量。

做法：

1 鸡腿肉剔骨去皮，切成丁，用盐、淀粉腌一会儿；木瓜切开，取木瓜肉切丁。

2 油锅烧热，放入鸡肉丁炒至变色，加入淡奶油，改小火慢慢收汁。

3 汁快收好后，放入木瓜丁，翻炒均匀即可。

功效： 鲜嫩的鸡肉加入牛奶、木瓜更加美味了，滋补的同时也不会摄入太多热量。

加餐

鲜虾粥

原料： 虾 2 只，大米 100 克，芹菜、盐各适量。

做法：

1 大米洗净，浸泡 30 分钟；芹菜择洗干净，切碎；虾去头、去壳、去虾线，取虾仁。

2 锅中放入大米，加适量水煮粥。

3 待粥熟时，把芹菜碎、虾仁放入锅中，煮 5 分钟左右，放盐搅拌均匀即可。

功效： 虾是高蛋白低脂肪的食物，能增强人体的免疫力，还可以促进哺乳妈妈分泌乳汁。

晚餐

萝卜丝烧带鱼

原料： 带鱼 1 条，白萝卜 50 克，料酒、盐、白糖、水淀粉、葱花、姜末各适量。

做法：

1 带鱼去内脏，洗净后切段，加盐、料酒、水淀粉腌制。

2 白萝卜洗净切丝，焯水。

3 油锅烧热，放带鱼段炸至金黄色，捞出。

4 另起油锅烧热，放姜末爆香，放带鱼块、白萝卜丝，加水烧开，放白糖、盐，撒上葱花即可。

功效： 带鱼味道鲜美，且脂肪含量低，搭配白萝卜可提升新妈妈的食欲。

今日主打食材——白萝卜

白萝卜含有淀粉酶及各种消化酵素，能分解食物中的淀粉和脂肪，促进食物消化，控制体重。

清炒白萝卜

油锅爆香葱花，放入白萝卜块翻炒，加水小火煮一会儿，加盐焖一会儿即可。

白萝卜肉丝汤

油锅烧热爆香葱花，煸香肉丝，加水，放入白萝卜丝，煮熟后加盐调味即可。

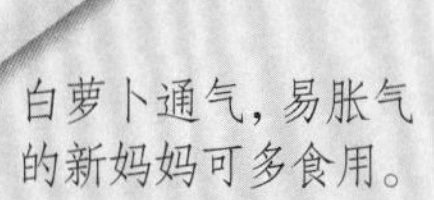

白萝卜通气，易胀气的新妈妈可多食用。

牛蒡促代谢

牛蒡能清除体内垃圾，新妈妈宜吃牛蒡促进身体新陈代谢，帮助瘦身减脂。

早餐

豆浆小米粥

原料：小米 200 克，黄豆 100 克，蜂蜜适量。

做法：

1 黄豆浸泡一夜，加水磨成豆浆，用纱布过滤去渣；小米洗净，浸泡 1 小时。

2 锅中放水，待沸后加豆浆，再沸时撇去浮沫，然后下小米不停搅匀，水再沸时撇去浮沫。

3 煮熟后关火，晾温后加入蜂蜜调味即可。

功效：小米健脾和中、益肾气、补虚损，是脾胃虚弱、体虚胃寒、产后虚损新妈妈的良好食疗方。

早餐

牛蒡粥

原料：牛蒡、猪瘦肉各 30 克，大米 100 克，盐适量。

做法：

1 牛蒡去皮，洗净，切片；猪瘦肉洗净，切条；大米洗净，浸泡。

2 锅置火上，放入大米和适量清水，大火烧沸后改小火，放入牛蒡片和猪瘦肉条，小火熬煮 40 分钟，待粥黏稠时，加盐即可。

功效：牛蒡能清热解毒，预防脂肪生成，适合新妈妈食用。

加餐

桂圆红枣汤

原料：红枣、桂圆各 50 克。

做法：

1 桂圆去壳留肉；红枣洗净，去核。

2 清水煮沸，加入去核红枣、桂圆肉。

3 待水再次沸腾后，转小火煲 1 小时即可。

功效：桂圆性温味甘，益心脾补气血，不但能补脾固气，还能保血不耗；红枣味甘性温，有补中益气、养血安神的功效，两者搭配具有极佳的补血养气效果。

小米粥加入豆浆营养更丰富。

不偏食、不挑食

产后进补的同时，新妈妈也要遵循控制食量、提高饮食品质的原则，尽量做到不偏食、不挑食。

午餐

板栗烧牛肉

原料：牛肉 500 克，板栗肉 6 颗，姜片、葱花、盐各适量。

做法：

1 牛肉洗净，沸水汆烫，捞出沥干，切块；板栗肉洗净，切半。

2 油锅烧热，放板栗肉炸 2 分钟，盛出，下牛肉块炸，捞起沥油。

3 锅中留底油，下葱花、姜片炒香，放牛肉块、盐和适量水大火煮沸，撇去浮沫，改小火炖。

4 待牛肉将熟时下板栗肉，烧至肉熟烂、板栗绵软收汁即可。

功效：牛肉可提供蛋白质，强筋壮骨，而且脂肪含量低，不会让新妈妈长胖。

加餐

雪梨黑豆豆浆

原料：黑豆 40 克，大米 30 克，雪梨 1 个，蜂蜜适量。

做法：

1 黑豆、大米分别洗净，分别用水浸泡一夜。

2 雪梨去皮、去蒂、去核，切碎。

3 将除蜂蜜外所有材料放入豆浆机中，加水至上下水位线之间，启动豆浆机。

4 制作完成后，过滤，晾至温热后加蜂蜜调味即可。

功效：雪梨味道很清淡，不会冲淡豆浆的原味，并且还增加清甜口感。

晚餐

美味杏鲍菇

原料：杏鲍菇 150 克，蒜片、生抽、白糖、黑胡椒粉、盐各适量。

做法：

1 杏鲍菇洗净，切条。

2 油锅烧热，爆香蒜片，加入杏鲍菇条翻炒片刻，加入生抽、白糖、黑胡椒粉继续翻炒至入味，加盐调味即可。

功效：常食杏鲍菇能有效提高人体免疫力，作为晚餐食用，既富有营养又利于新妈妈控制体重。

今日主打食材——杏鲍菇

杏鲍菇营养丰富，可提高人体免疫功能，具有抗癌、降血脂、润肠胃以及美容等作用。

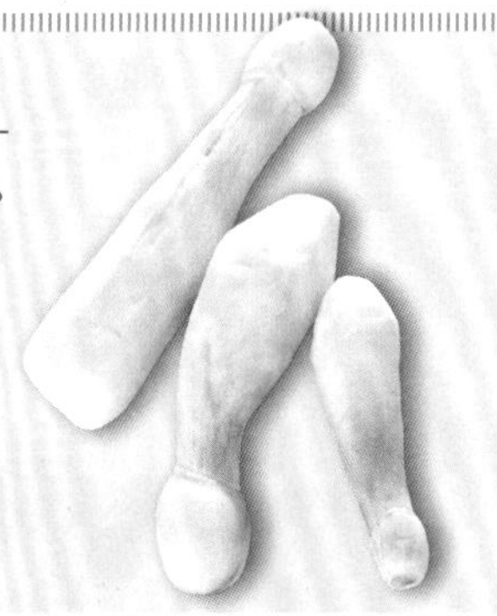

杏鲍菇炒肉

杏鲍菇洗净切片，油煎后备用；油锅烧热煸炒肉片后放入杏鲍菇片同炒，加盐调味即可。

干煸杏鲍菇

杏鲍菇洗净切片，油煎后备用；油锅烧热，煸炒青椒丝后放入杏鲍菇片同炒，加盐调味即可。

第23天

产后新妈妈出现不适，有时可能需要服用药物。服药时一定要注意调整喂奶时间，最好在哺乳后马上服药。并且，要尽可能地推迟下次给宝宝喂奶的时间，至少要隔 4 个小时，这样会使奶水中的药物浓度降到最低，尽量使宝宝少吸收药物。

早餐

红薯百合粥

原料：红薯100克，百合、青豆各20克，大米50克，冰糖适量。

做法：

1 红薯去皮，切块；青豆、百合分别洗净，百合掰片；大米洗净，浸泡。

2 锅置火上，放大米和适量水，大火烧沸后改小火，放青豆、红薯块煮粥。

3 待粥煮至八成熟时，放百合片，煮至熟糯，放冰糖即可。

功效：红薯和百合可帮助新妈妈安定心神，解决便秘困扰，有利于减脂瘦身。

早餐

牛奶馒头

原料：面粉 400 克，牛奶 250 毫升，白糖、发酵粉各适量。

做法：

1 面粉放入盆中，加牛奶、白糖、发酵粉搅拌成絮状，和成面团；面团揉光滑，放置温暖处发酵。

2 发好的面团揉至光滑，搓成圆柱，等分切成小块，放入蒸笼里，盖上盖儿，再次饧发 20 分钟。

3 凉水上锅，水开后蒸 15 分钟即可。

功效：牛奶馒头含钙丰富，新妈妈可以经常食用。

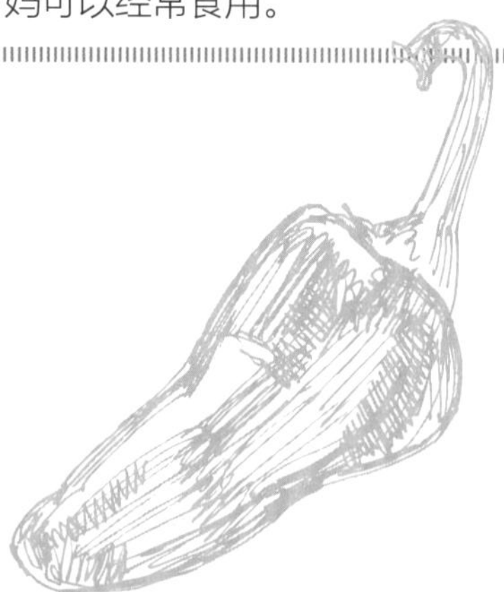

加餐

南瓜香菇包

原料：南瓜 150 克，藕粉 20 克，香菇 3 朵，盐、酱油、白糖各适量。

做法：

1 将南瓜去皮，煮熟后压碎，加入糯米粉和用温开水拌匀的藕粉，揉匀；香菇洗净、切碎。

2 油锅烧热，下香菇碎炒香，加入酱油、白糖、盐制成馅料。

3 将揉好的南瓜糯米团分成若干份，擀成包子皮，包入馅料，放入蒸锅内蒸熟即可。

功效：南瓜香菇包味道鲜美，可益气血、促进肠胃蠕动，新妈妈可常食。

喜欢吃肉的新妈妈可以在馅料中加些猪肉末，更美味。

多吃些莲藕

莲藕中含有大量的碳水化合物、维生素和矿物质，营养丰富，能增进食欲，帮助消化，还能促使乳汁分泌。

午餐

莲藕炖牛腩

原料：牛腩 200 克，莲藕 100 克，红豆 50 克，姜片、盐各适量。

做法：

1 牛腩洗净，切大块，用沸水汆烫一下，洗净血沫；莲藕洗净，去皮，切块；红豆洗净，用清水浸泡 30 分钟。

2 全部食材放入锅中，加水大火煮沸，转小火慢煲 2 小时，出锅前加盐调味即可。

功效：莲藕富含铁、钙等矿物质；牛腩可以为新妈妈补充体力又不会让新妈妈摄入过多脂肪。

加餐

胡萝卜香菇汤

原料：胡萝卜 100 克，香菇、西蓝花各 30 克，盐适量。

做法：

1 胡萝卜洗净，去皮，切成菱形片；香菇洗净去蒂，切两半；西蓝花掰成小朵后洗净。

2 将胡萝卜片、香菇和掰好的西蓝花一同放入锅中，加适量清水用大火煮沸。

3 转小火将食材煮熟，加入盐调味即可。

功效：胡萝卜、香菇中都含有丰富的膳食纤维，能够促进新妈妈消化，帮助排毒瘦身。

晚餐

黄花鱼豆腐煲

原料：黄花鱼 1 条，春笋 20 克，豆腐 1 块，香菇丝、高汤、料酒、酱油、盐、白糖、香油、淀粉各适量。

做法：

1 黄花鱼处理干净，切段，备用。

2 豆腐切小块；春笋切片。

3 黄花鱼段放油锅中，煎至两面金黄，加酱油、料酒、白糖、香菇丝、春笋片、高汤，烧沸后放豆腐块、盐，小火炖至熟透，用淀粉勾芡，淋香油即可。

功效：鱼肉和豆腐富含优质蛋白质，但都属于低脂食物，晚餐食用也不会长胖。

今日主打食材——黄鱼

黄花鱼高蛋白低脂肪，有滋补功效，可延缓衰老。

清蒸黄花鱼

黄花鱼处理后洗净，加入葱花、姜片放入蒸锅蒸熟，淋上蒸鱼豉油即可。

油炸黄花鱼

黄花鱼处理好，加入蒸鱼豉油、盐，腌制后蘸上面粉放油锅炸熟即可。

新妈妈宜每周吃 2 次黄花鱼。

第24天

因为新妈妈要给宝宝哺乳，所以一些清火的药最好不要吃，性寒凉的食物也不能多吃。平时吃东西时要注意，不能吃辛辣的食物，少吃或不吃热性佐料，如花椒、茴香等，这些东西容易引起上火。新妈妈如果上火了可适量吃些绿豆、芹菜等清火食物。

早餐

绿豆薏米粥

原料：绿豆、薏米各 50 克，红枣 2 颗，白糖适量。

做法：

1 将薏米及绿豆洗净后用清水浸泡 1 夜。

2 将浸泡的水倒掉，绿豆、薏米和红枣放入锅内，加入清水，用大火烧开后改用小火煮至熟透。

3 加入适量白糖调味即可。

功效：绿豆有清火的功效；薏米可帮助新妈妈消除水肿。

早餐

二米粥

原料：大米 50 克，小米 30 克。

做法：

1 大米、小米分别洗净，浸泡 30 分钟。

2 锅中加适量水，放入大米和小米大火同煮。

3 待大火烧开后转小火熬煮，至米烂粥稠即可。

功效：二米粥较单一谷物粥营养更丰富，且更易吸收，适合补虚养身的新妈妈食用。

加餐

风味蛋卷

原料：鸡蛋2个，香蕉1 根，核桃仁 30 克，番茄酱、香菜叶各适量。

做法：

1 香蕉去皮，竖着从中间切开，将核桃仁摆在切面上；鸡蛋磕入碗中，打散。

2 平底锅加热，五成热时，倒入蛋液铺在锅底。

3 蛋液凝固后，将香蕉和核桃仁放在鸡蛋饼上卷起来。

4 继续煎 2 分钟，装盘晾凉切段，淋番茄酱，放香菜叶装饰即可。

功效：加入香蕉的蛋卷更软香，且香蕉对瘦身有着独特的作用。

进餐有顺序

为了保护肠胃，每餐最好按照一定的顺序进食，一般先喝汤再吃饭，饭后30分钟再进食水果。

午餐

麻油鸡

原料：三黄鸡1只，香油、姜片、盐、冰糖各适量。

做法：

1 三黄鸡洗净，切块，入沸水汆烫，洗去血沫，沥干。

2 锅中放香油烧热，爆香姜片，放鸡块，煸炒至微焦。

3 加冰糖翻炒3分钟，放适量热水，大火烧开后连汤带鸡块倒入锅中，小火加盖焖40分钟。

4 最后放盐，继续焖煮10分钟盛出即可。

功效：麻油鸡不仅补气血，还健脾开胃，其温和的滋补作用最适合寒性体质的新妈妈食用。

加餐

鸭肉粥

原料：大米30克，鸭腿肉30克，葱段、姜丝、盐、料酒各适量。

做法：

1 将鸭腿肉洗净后，锅中放入清水和葱段、料酒，用中火将鸭腿肉煮30分钟，取出切丝。

2 大米洗净，加煮鸭的高汤，用小火煮30分钟。

3 再加鸭肉丝、姜丝同煮20分钟，出锅时放盐调味即可。

功效：鸭肉脂肪含量少，味道鲜美，能够为新妈妈补充蛋白质，增强体力。

晚餐

鲍汁西蓝花

原料：西蓝花200克，百合20克，虾仁、鲍鱼汁各适量。

做法：

1 西蓝花洗净，切小块，用开水焯烫至熟，盛出晾凉；百合、虾仁分别洗净，百合撕片。

2 油锅烧热，倒入百合片、虾仁翻炒，再加入鲍鱼汁和适量水，炒2分钟起锅，将鲍鱼汁浇在西蓝花上即可。

功效：西蓝花适合作为新妈妈的健康瘦身食材，吸入鲍鱼汁的鲜美之味后营养更丰富。

今日主打食材——鸭肉

鸭肉中的脂肪较少，脂肪酸中含有不饱和脂肪酸和短链饱和脂肪酸，熔点低，易于被人体消化吸收。

青椒鸭肉片

油锅爆香葱花，放入青椒片和鸭肉片同炒至熟，加盐调味即可。

莲藕炖鸭肉

鸭肉汆水后和藕片放入砂锅中，放入姜丝、盐和适量水，隔水炖一个半小时即可。

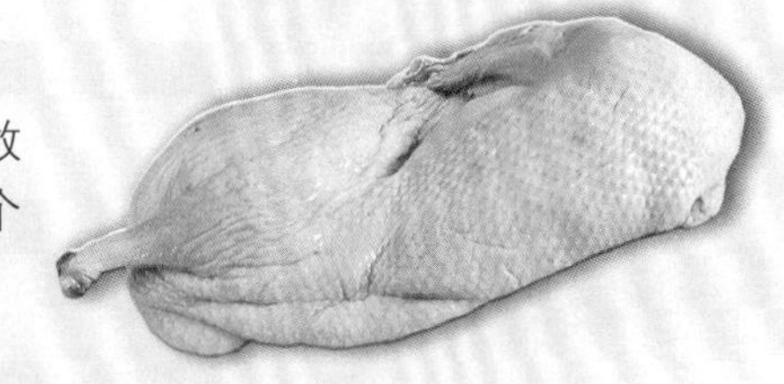

第25天

产后新妈妈要适量吃些粗粮，如燕麦、玉米、小米、红薯、糙米等。这些粗粮富含膳食纤维和B族维生素，吃后不仅不容易产生饥饿感，还不会吃得太多，可以避免能量摄入过多，帮助产后新妈妈恢复体形。

早餐

丝瓜虾仁糙米粥

原料： 丝瓜、糙米各50克，虾仁40克，盐适量。

做法：

1 糙米清洗后加水浸泡1小时。

2 将糙米、虾仁一同放入锅中，加入2碗水，用中火煮15分钟呈粥状。

3 丝瓜洗净切段，放入粥内略煮，加适量盐调味即可。

功效： 糙米是新妈妈的肠道“清道夫”，可预防产后便秘，帮助新妈妈瘦身。

早餐

荔枝红枣粥

原料： 荔枝30克，红枣2颗，大米50克。

做法：

1 大米洗净，浸泡30分钟；红枣洗净，去核；荔枝去皮、去核。

2 锅中加水，放入泡好的大米、红枣及荔枝肉用大火煮沸，转小火煮至米烂粥稠即可。

功效： 荔枝具有健脾生津、理气止痛的功效，适合身体虚弱、津液不足的新妈妈食用。

加餐

玉米香蕉芝麻糊

原料： 香蕉1根，玉米面50克，白糖、熟黑白芝麻各适量。

做法：

1 锅中加水，小火煮沸，加入玉米面和白糖，边煮边搅拌，煮至玉米面熟后关火。

2 将香蕉剥皮，用勺子研碎；待玉米糊稍凉盛出，放入香蕉泥、熟黑白芝麻。

3 食用时搅匀即可。

功效： 香蕉、芝麻能让新妈妈精神放松，补充钙和铁；香蕉还能帮助新妈妈减脂瘦身。

菠萝助消化

经常吃肉的新妈妈，可以在饭后半小时后吃些菠萝帮助消化。

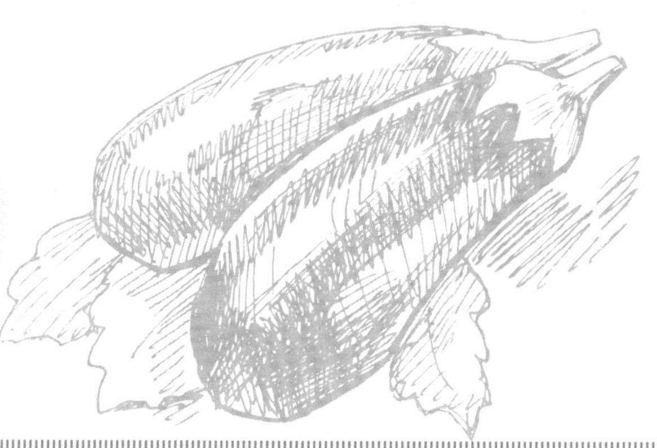

午餐

姜枣枸杞乌鸡汤

原料：乌鸡1只，红枣8颗，枸杞、盐、料酒、姜片各适量。

做法：

1 乌鸡去内脏，洗净；红枣、枸杞分别洗净。

2 乌鸡放进温水里加入料酒用大火煮，待水沸后捞出乌鸡，洗去浮沫。

3 红枣、枸杞、姜片和乌鸡一起放入锅内，加水大火煮开后改小火炖至熟烂，出锅时加盐即可。

功效：乌鸡汤是产后新妈妈较为常见的滋补汤品，其脂肪含量并不高，不会让新妈妈长胖。

加餐

红提柚子汁

原料：红提100克，柚子果肉150克，蜂蜜适量。

做法：

1 红提洗净。

2 将红提和柚子果肉放入榨汁机中，加适量温开水，榨成果汁。

3 将果汁及果渣一起倒入杯子中加蜂蜜调匀饮用即可。

功效：红提可补益气血、通利小便；柚子含有丰富的钙和维生素，两者都能帮助新妈妈瘦身养颜。

晚餐

酿茄墩

原料：茄子1个，猪肉末100克，鸡蛋1个，香菇末、香菜末、水淀粉、白糖、盐各适量。

做法：

1 茄子去蒂洗净，切段，用小刀挖去茄子段中间部分。

2 猪肉末内放入盐、鸡蛋，拌匀后放入挖空的茄墩儿内，撒上香菇末、香菜末，蒸熟后放入盘内。

3 在锅中放白糖、盐，加少许水烧开，用水淀粉勾芡，淋在蒸好的茄墩儿上即可。

功效：茄子有去热消肿的作用，可以缓解新妈妈便血、便秘。

今日主打食材——茄子

茄子的紫皮中含有丰富的维生素E和维生素P，热量低且营养丰富，推荐在减肥期间食用。

蒸茄子

茄条放入蒸锅蒸熟后，放入葱花、蒜末、盐、醋、香油拌匀即可。

番茄烧茄子

油锅煸炒番茄，放入泡发好的木耳、茄子丁同炒至熟，加盐调味即可。

茄子宜带皮食用。

每天吃水果

新妈妈应该每天吃适量水果，营养师建议新妈妈每日食用水果以 200~250 克为宜。

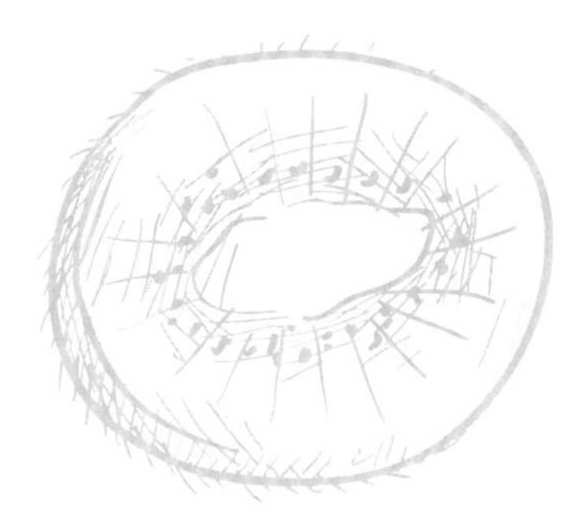

早餐

番茄牛肉粥

原料：番茄 100 克，牛肉 80 克，大米 50 克，盐适量。

做法：

1 番茄切十字刀口，略烫后去皮，切碎；牛肉洗净，剁成碎末；大米洗净，浸泡 30 分钟。

2 锅置火上，加水烧开，倒入牛肉末，水沸后撇去浮沫，再倒入大米及番茄碎，大火煮开。

3 转小火继续煮，煮至粥熟后加盐调味即可。

功效：番茄中富含多种维生素和番茄红素，与富含蛋白质的牛肉一同食用，可以促进新陈代谢，帮助新妈妈更快恢复。

早餐

芦荟猕猴桃粥

原料：芦荟 10 克，猕猴桃、大米各 30 克，枸杞、白糖各适量。

做法：

1 将芦荟洗净，切成小块；猕猴桃去皮，切小块；大米洗净，浸泡 1 小时；枸杞洗净。

2 将芦荟块、大米、猕猴桃块、枸杞一同放入锅中，加适量清水，用大火煮沸，转小火煮至大米熟后加白糖调味即可。

功效：芦荟可以排出新妈妈体内毒素，预防便秘；猕猴桃可提供丰富的维生素，促进新妈妈的新陈代谢，帮助新妈妈健康瘦身。

加餐

红薯花生汤

原料：红薯 1 个，牛奶 250 毫升，花生仁、红枣各适量。

做法：

1 花生仁、红枣洗净，浸泡 30 分钟；红薯洗净去皮，切块。

2 锅中放入花生仁、红薯块、红枣，加水至没过食材 2 厘米。

3 小火烧至红薯块变软，关火。

4 盛出煮好的汤，倒入牛奶即可。

功效：红薯可促进人体排毒；花生中含维生素 E、锌和硒，能增强记忆力。

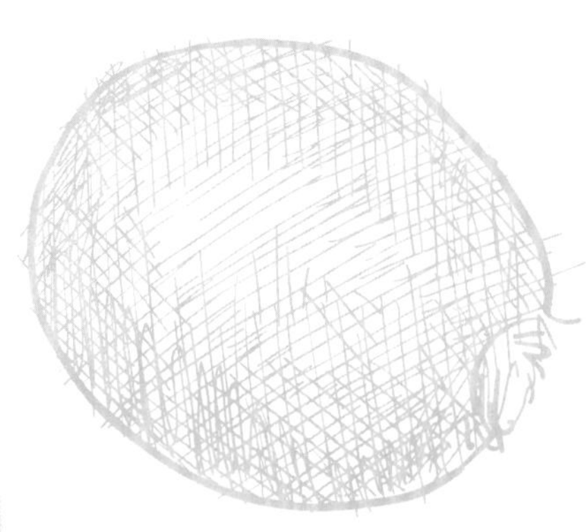

吃水果有讲究

饭后马上吃水果会影响消化，宜过半小时再吃，而且不要直接吃从冰箱里拿出来的水果。

处理山药时可戴上一次性手套。

午餐

菠萝鸡片

原料：鸡胸肉200克，菠萝150克，青椒片、红椒片、葱丝、蒜片、姜末、盐、淀粉、蚝油、番茄酱各适量。

做法：

1 鸡胸肉洗净切片，加淀粉和蚝油拌匀腌片刻；菠萝洗净切片。

2 油锅烧热，放葱丝、姜末、蒜片爆香，然后放鸡肉片翻炒。

3 待鸡肉片颜色变白，放菠萝片、青椒片、红椒片和番茄酱翻炒片刻，加盐调味即可。

功效：菠萝开胃助消化，可以促进血液循环，帮助新妈妈消耗体内脂肪。

加餐

桂花紫山药

原料：山药 50 克，紫甘蓝 40 克，糖桂花适量。

做法：

1 山药去皮洗净，切长条，上蒸锅蒸熟；紫甘蓝洗净，切碎，加适量水用榨汁机榨成汁。

2 将山药条在紫甘蓝汁里浸泡至上色均匀后摆盘，浇上糖桂花即可。

功效：山药与紫甘蓝同食，有补益之用，而且还不会让新妈妈长胖。

晚餐

芦笋炒虾球

原料：虾仁 200 克，芦笋、木耳各 50 克，姜丝、蒜片、水淀粉、料酒、盐各适量。

做法：

1 将木耳泡发，洗净；虾仁用盐、料酒抓匀，腌 10 分钟。

2 芦笋去皮，切段，和虾仁一起放入开水中汆一下。

3 油锅烧热，放入姜丝、蒜片爆香，倒入芦笋段、木耳、虾仁翻炒，出锅前淋少许水淀粉勾芡，加盐调味即可。

功效：芦笋和虾肉属于低脂食物，两者搭配色彩明亮，能让新妈妈食欲大开，不会长胖。

今日主打食材——菠萝

菠萝含有菠萝朊酶，能分解蛋白质，帮助消化，吃过油腻食物后，吃些菠萝可以预防脂肪堆积。

糖水菠萝

菠萝切块放入锅中，加适量水和冰糖，大火烧开转小火煮 20 分钟即可。

菠萝汁

菠萝块放淡盐水中稍微浸泡后，与香蕉块、苹果块一同放入榨汁机榨汁，加入蜂蜜即可。

菠萝去皮后用淡盐水浸泡片刻可去除涩味。

第26天

产后气血两亏的新妈妈，此时更要注意补血、补气，可多吃些红枣、鸭血、当归、黑芝麻、虾仁及各种肉类来进补，抓住体质恢复的黄金期，帮助新妈妈缓解神疲乏力、食欲缺乏、头昏眼花等气血两虚的症状。

早餐

黑芝麻大米粥

原料：大米50克，黑芝麻10克，花生仁、蜂蜜各适量。

做法：

1 大米、花生仁分别洗净，用清水浸泡30分钟；黑芝麻炒熟。

2 大米、花生仁一同放入锅内，加清水用大火煮沸，转小火再煮至大米熟透。

3 关火，晾温后加蜂蜜调味，撒入熟黑芝麻即可。

功效：黑芝麻有滋五脏、益精血等保健功效，而且能够清除自由基，保护红细胞，能有效帮助新妈妈预防贫血。

早餐

肉丸粥

原料：五花肉50克，大米30克，鸡蛋清、姜末、葱花、盐、淀粉各适量。

做法：

1 大米洗净，浸泡半小时；五花肉洗净，剁成泥，加部分葱花、姜末、盐、蛋清和淀粉，拌匀制成馅。

2 锅内放大米和适量清水，大火烧沸，煮至成粥。

3 粥将熟时，将肉馅挤成丸子状，放入粥内，煮熟，加盐调味，撒上剩下葱花即可。

功效：猪肉能提供血红素铁，可有效为新妈妈补血。

加餐

红枣木耳汤

原料：木耳50克，红枣3颗，白糖适量。

做法：

1 红枣洗净，用冷水浸泡10分钟；木耳泡发，去蒂洗净，掰成小朵。

2 锅中放木耳、红枣及泡枣的水，大火烧沸后加白糖调味即可。

功效：红枣木耳汤可补气养血，而且脂肪含量低，在进补的同时不会让新妈妈体重增加。

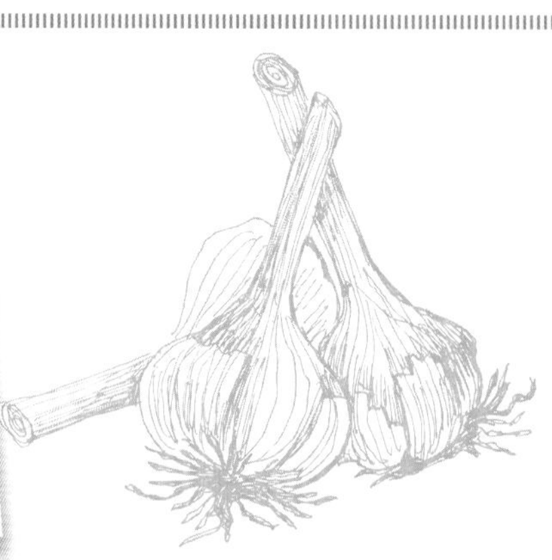

补血

补血应注重吃红肉，因为红肉中 15%~35% 的铁元素可以被人体吸收，高于蔬菜中铁元素的吸收率。

午餐

当归生姜羊肉煲

原料：羊肉 100 克，当归 5 克，姜片 3 片，葱段、盐各适量。

做法：

1 羊肉洗净、切块，用热水汆烫，洗去血沫，沥干；当归洗净，放进热水中浸泡 30 分钟，取出切片；泡当归的水备用。

2 将羊肉块放入锅内，加入姜片、当归片、葱段、泡当归的水和适量清水，小火煲 2 小时，加盐调味即可。

功效：羊肉可滋阴补肾、温阳补血、活血祛寒；当归有补血、活血的作用，对新妈妈有很好的补益作用。

加餐

火龙果西米饮

原料：西米 50 克，火龙果 100 克，白糖、水淀粉各适量。

做法：

1 西米用开水泡透蒸熟；火龙果对半切开，挖出果肉，切成小粒。

2 锅置火上，注入清水，加入白糖、西米、火龙果粒一起煮熟。

3 用水淀粉勾芡后盛入碗内即可。

功效：火龙果中的糖分以葡萄糖为主，容易吸收，可提供能量还不会让新妈妈摄入脂肪。

晚餐

鸭血豆腐

原料：鸭血 50 克，豆腐 50 克，酱油、盐、水淀粉、葱花、香菜末各适量。

做法：

1 将鸭血和豆腐洗净，切厚条。

2 将鸭血条和豆腐条放入沸水中汆熟透，捞出备用。

3 油锅烧热，下入鸭血条、豆腐条、酱油翻炒均匀，加水煮至鸭血、豆腐熟透。

4 最后加盐调味，用水淀粉勾芡盛出，撒上葱花、香菜末即可。

功效：鸭血能满足新妈妈对铁的需要，可以辅助治疗新妈妈缺铁性贫血。

今日主打食材——鸭血

鸭血中含有钴、铁等多种微量元素，可预防贫血，其脂肪含量低，进补同时不会增重。

蒜末鸭血

油锅爆香蒜末、姜末，放入鸭血块翻炒，加盐后焖几分钟即可。

时蔬鸭血

油锅爆香姜、蒜末，放入鸭血块翻炒，加入胡萝卜片、木耳、黄瓜片同炒，加盐调味即可。

应去正规的超市购买鸭血。

第27天

新妈妈要定时进餐，这样有利于脾胃功能的正常运作，有助于人体气血充盈协调，而且能增强肠胃消化、吸收功能。可以多吃豆类、小麦面包等食材，有助于缓解疲劳，使新妈妈的身体得到更好的休养。

早餐

番茄山药粥

原料：番茄、山药各100克，大米50克，盐适量。

做法：

1 山药洗净，切片；番茄洗净，略烫去皮，切块；大米洗净，用清水浸泡30分钟。

2 将大米、山药片放入锅中，加适量水，用大火烧沸。

3 之后用小火煮至呈粥状，加入番茄块，煮10分钟，加盐调味即可。

功效：番茄生津止渴，健胃消食；山药健脾胃，滋补身体。

早餐

黄金土豆饼

原料：土豆100克，豌豆50克，香油、盐各适量。

做法：

1 将土豆、豌豆煮熟，捣成泥状，放适量盐，搅拌均匀，揪小团用手掌压成圆饼。

2 锅中倒香油，油热后放入土豆饼，煎至两面金黄即可。

功效：食用土豆后容易产生饱腹感，土豆是产后瘦身的理想食材。

加餐

百合莲子桂花饮

原料：百合10克，莲子4颗，糖桂花、冰糖各适量。

做法：

1 百合、莲子洗净，百合掰开成片，莲子去心。

2 莲子入锅加水煮开，加入百合片、冰糖煮至冰糖融化。

3 关火后晾温，加入适量的糖桂花即可。

功效：百合中富含B族维生素、钙等营养成分，可定心养神，为了控制体重，新妈妈可以少加冰糖。

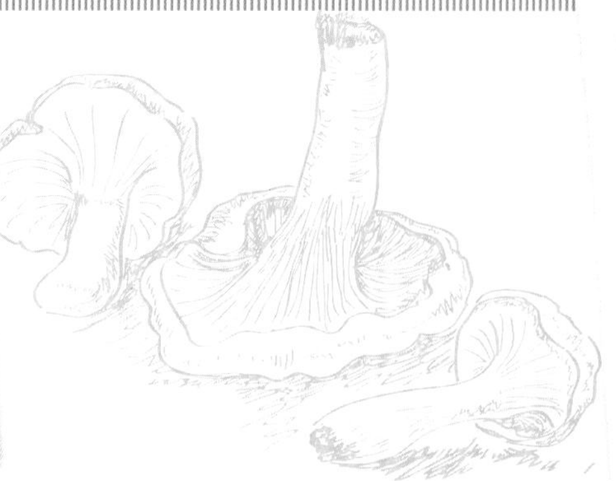

午餐前来碗甜汤，可让新妈妈拥有好心情。

牛奶不宜加热

新妈妈在加热牛奶时要适度，否则高温下牛奶中的氨基酸和糖形成果糖基氨基酸，不易被人体吸收。

午餐

红枣蒸鹌鹑

原料：鹌鹑1只，红枣5颗，姜片、葱段、盐、淀粉、料酒各适量。

做法：

1 将鹌鹑处理好，洗净；红枣洗净，去核。

2 将鹌鹑与红枣、姜片、葱段、盐、料酒、淀粉拌匀，放入蒸碗里加适量清水。

3 将蒸碗放入蒸锅中蒸熟即可。

功效：清蒸的鹌鹑肉质很嫩滑，脂肪少，有利于新妈妈控制体重，加入红枣，味道更清甜。

加餐

银耳桂圆汤

原料：银耳1朵，桂圆肉15克，冰糖适量。

做法：

1 银耳泡发，去蒂，撕小朵；桂圆肉洗净。

2 将银耳、桂圆肉放入砂锅中，加适量清水，中火煲45分钟。

3 放入冰糖，小火煮至冰糖融化即可。

功效：此汤甜香可口，是新妈妈的美味加餐。

晚餐

虾米炒芹菜

原料：虾米50克，芹菜40克，酱油、盐各适量。

做法：

1 虾米用温水泡发；芹菜去老叶后洗净，切段。

2 芹菜段用开水略焯一下，沥干水。

3 油锅烧热，下芹菜段快炒，并放入泡发的虾米、酱油，用大火快炒几下加盐调味即可。

功效：芹菜富含膳食纤维，可促进脂肪代谢，还有安神、除烦的功效。

今日主打食材——土豆

土豆富含维生素、膳食纤维及钙、钾等微量元素，有助于新妈妈改善水肿和控制体重。

醋熘土豆丝

油锅爆香葱花，加入土豆丝翻炒，加入醋调味，炒至熟时加盐即可。

土豆片炒青椒

油锅烧热爆香葱花，加入土豆片翻炒，放入青椒片一起炒，快熟时加盐调味即可。

发芽的土豆不能食用。

第28天

谷物是碳水化合物、膳食纤维、B 族维生素的主要来源，而且是新妈妈每日所需热量的主要来源，新妈妈不宜为了减肥而不吃主食。如果出现少气懒言、疲倦乏力、易出汗、头晕心悸、食欲缺乏等气虚表现，可吃些牛肉补虚健体。

早餐

平菇小米粥

原料：大米、小米各 50 克，平菇 30 克，盐适量。

做法：

1 平菇洗净，撕成条，焯烫至断生；大米、小米分别洗净，浸泡 30 分钟。

2 锅中加适量清水，放入泡好的大米、小米，大火烧沸后转小火熬煮。

3 待米将熟时，放入平菇条继续煮至米烂粥稠，加盐即可。

功效：平菇含有多种维生素及矿物质，可以帮助新妈妈改善机体新陈代谢，增强体质。

早餐

三鲜汤面

原料：面条 50 克，鸡腿肉 30 克，虾仁 20 克，香菇 2 朵，鸡蛋 1 个，盐、酱油、料酒各适量。

做法：

1 虾仁、鸡腿肉、香菇分别洗净，切成条状；鸡蛋煎熟备用。

2 锅中加水烧沸，放面条煮熟。

3 油锅烧热，放虾肉条、鸡腿肉条、香菇条翻炒，加料酒、酱油和适量水，烧开后加盐，浇在面条上，放上煎鸡蛋即可。

功效：鸡肉脂肪含量低，不仅可以控制体重，还可以增强新妈妈的抵抗力。

加餐

玉米番茄羹

原料：玉米粒 100 克，番茄 80 克，香菜叶、高汤、盐各适量。

做法：

1 番茄洗净，用热水烫一下去皮，切丁；玉米粒洗净，沥干水。

2 锅中加适量高汤煮开，下入玉米粒、番茄丁同煮。

3 待玉米粒熟，加盐调味，撒入香菜叶即可。

功效：此羹可促进新陈代谢，有助于增强体质，控制体重。

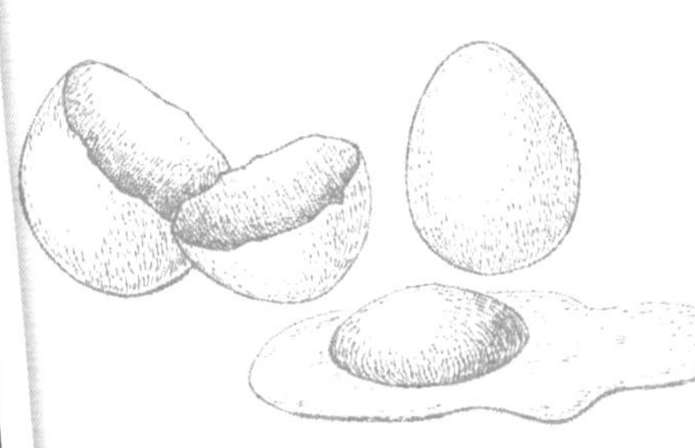

不要抓挠伤口

剖宫产妈妈的伤口发痒时，不要用手抓挠或用衣服摩擦，可在医生指导下涂抹一些外用药止痒。

午餐

葱爆酸甜牛肉

原料：牛里脊肉 250 克，葱 100 克，香油、黄椒丝、料酒、酱油、醋、盐各适量。

做法：

1 牛里脊肉洗净，切薄片，加料酒、酱油、香油拌匀；葱洗净，小部分切葱花，其余切丝。

2 油锅烧热，下牛里脊肉片、葱丝，迅速翻炒至肉片断血色，滴入醋，撒盐，炒熟，起锅装盘，点缀黄椒丝，撒葱花即可。

功效：牛肉富含蛋白质、锌；大葱含有葱辣素、膳食纤维，二者营养互补又不增重。

加餐

草莓牛奶粥

原料：草莓 10 个，香蕉 1 根，大米 80 克，牛奶 250 毫升。

做法：

1 草莓去蒂，洗净，切块；香蕉去皮，放入碗中碾成泥；大米洗净。

2 将大米放入锅中，加适量清水，大火煮沸。

3 放入草莓块、香蕉泥，同煮至熟，倒入牛奶，稍煮即可。

功效：草莓含丰富的维生素 C；香蕉可清热润肠，促进肠胃蠕动，对新妈妈瘦身有益。

晚餐

木瓜烧带鱼

原料：带鱼 1 条，木瓜 50 克，葱段、姜片、醋、盐、酱油各适量。

做法：

1 将带鱼去内脏，洗净，切长段；木瓜洗净，去皮、去子，切条。

2 砂锅置火上，加入适量清水及带鱼段、葱段、姜片、醋、盐、酱油一同煲至八分熟。

3 下入木瓜条继续炖至带鱼熟透即可。

功效：木瓜含有木瓜蛋白酶，可分解蛋白质，帮助吸收，与带鱼搭配营养又低脂。

今日主打食材——平菇

平菇含有人体必需的 8 种氨基酸，可增强人体免疫力，而且平菇能有效分解脂肪，帮助瘦身。

平菇炒肉

油锅烧热，爆香葱花，加入肉片翻炒至泛白，再加入平菇同炒至熟，加盐调味即可。

莴笋炒平菇

平菇煸炒后备用；油锅烧热，爆香葱花，翻炒莴笋片，最后加入平菇翻炒均匀，加盐调味即可。

第 5 周

新妈妈的身体变化

乳房

经过前 4 周的调养和护理，本周新妈妈乳汁分泌增加，此时要注意乳房的清洁，多余的乳汁一定要挤出来。哺乳时，要让宝宝含住整个乳晕，而不是仅含住乳头，以防发生乳头皲裂和乳腺炎。

胃肠

本周，新妈妈的胃肠功能基本恢复正常，但是对于哺乳妈妈来说，也要注意控制脂肪的摄入，不要吃太多含油脂的食物，以免对肠胃造成不利影响，也可避免乳汁过于浓稠阻塞乳腺。

子宫

到第 5 周的时候，顺产妈妈的子宫已经恢复到产前大小了，剖宫产妈妈可能会比顺产妈妈恢复稍晚一些。

伤口及疼痛

会阴侧切的新妈妈基本感觉不到疼痛，剖宫产妈妈偶尔会觉得有些许疼痛，不过大多数新妈妈完全沉浸在照顾宝宝的辛苦和幸福中，并不觉得有多疼。

恶露

本周，新妈妈的恶露几乎都没有了，白带开始正常分泌。如果本周恶露仍未干净，就要当心是否子宫复原不全，子宫迟迟不入盆腔而导致的恶露不净。

产后第5周调养方案

本周，新妈妈的身体基本复原，进补可以适当减少，但也不能一味节制，要达到膳食平衡。饮食要重质不重量，肉、蛋、奶、蔬菜、水果、坚果、谷类等都要适量摄入，但要适当减少油脂类食物的摄入。

1 饮食重质不重量

对于摄入热量或营养所需量不了解的新妈妈，一定要遵循控制食量、提高品质的原则，尽量做到不偏食、不挑食。为了达到产后瘦身的目的，应按需进补，积极运动。

2 吃脂肪含量少的食物

新妈妈在孕期时，体重已经增长不少。而在产后前几周的进补之下，新妈妈又摄取了很多营养物质，这就很容易引起“产后肥胖症”。所以，现在新妈妈应多吃脂肪含量少的食物，以控制体重增长过快。

3 根据体质调补

本周是新妈妈调整体质的黄金时机，但应根据前4周新妈妈的恢复程度，依据各自的体质设计进补食谱，对症调补。一般来说，新妈妈宜采用温和的调补方法，不宜食用生冷食物，并且注意控制热量的摄入，以免进补过度而造成营养过剩，从而导致脂肪堆积，体重激增。

营养又不增重的月子餐每日推荐

本周是新妈妈调整体质的黄金期，不要为了急于瘦身而影响哺乳和自身健康，但是可以适当减少高脂肪和高热量的食物摄入，取而代之的是更健康、更绿色的饮食。

450千卡 早餐 + **200千卡** 加餐 + **700千卡** 午餐 +

早餐 牛油果三明治（做法见118页），热量为200千卡。

午餐 豆角炖排骨（做法见123），热量为350千卡。

4 吃防抑郁食物

随着身体的逐渐恢复，新妈妈不得不考虑诸如照顾宝宝、恢复体形、重回职场等一系列问题，易导致情绪不稳，极易出现委屈、焦虑、抑郁等情况，在自我心理疏导之外，也可以通过饮食调理，舒缓新妈妈的情绪。

食物是影响情绪的一大因素，选对食物的确能提神、安抚情绪、改善忧郁和焦虑。新妈妈不妨多摄取含有丰富B族维生素、维生素C、镁、锌等的食物，借由饮食的调整来达到抗压及抗焦虑的功效。

可以预防焦虑的食物有：鸡蛋、牛奶、空心菜、番茄、豌豆、红豆、香蕉、梨、西柚、香瓜、核桃仁等。让这些食物来帮助新妈妈找回快乐，远离产后抑郁的困扰。

新妈妈情绪不稳时也可以泡杯玫瑰花茶，适当吃点甜食或是吃些具有安神作用的茯苓、莲子、莲藕等，可有效舒缓不良情绪。

第5周 产后恢复关键点

宝宝已经满月，新妈妈是不是感到轻松多了？但新妈妈不能忽视日常生活的细节，不能太随意，要照顾好自己的身体。

- 二胎大龄新妈妈在产后更应少操劳，多休息，注意保暖，避免吹风受凉，可大大降低产后关节疼痛的概率。
- 冬季坐月子的新妈妈可以穿着袜子睡觉，这样可以避免脚部受凉。
- 新妈妈每天可以泡泡脚，可以在水中放一些艾叶或者艾条，每周一两次即可。
- 新妈妈在家时应坚持每天开窗通风两三次，每次半小时，保持房间内空气的流通，防止感冒病毒侵染。通风时新妈妈和宝宝应暂移到其他房间，避免对流风直吹着凉。
- 夏天多蚊虫，但新妈妈要慎用蚊香。蚊香中的特殊化学成分会通过消化道、呼吸道进入人体，具有一定毒性，对新妈妈和宝宝的健康十分不利。
- 新妈妈不宜使用香水，容易引起皮肤过敏，也会让宝宝产生不适。

吃些养颜食材

产后新妈妈的皮肤变得粗糙、松弛，甚至产生细纹，可适时增加一些养颜食材，为美丽加分。

柠檬

猕猴桃

牛奶

150千卡 加餐 + 700千卡 晚餐 = 2 200 千卡

不宜通过节食的方法来瘦身

晚餐 蜜汁南瓜（做法见119），热量为300千卡。

鱼肉中的脂肪少，而且其含有的ω-3脂肪酸能产生类似抗抑郁药的作用，使人的心理焦虑减轻，新妈妈可以经常食用。

本周必吃的5种食材

本周，不少新妈妈的身体状况已经大有好转了，但此时的饮食仍然不能掉以轻心，尤其对哺乳妈妈来说。注意控制脂肪的摄入，不要吃太多油脂的食物，以防乳汁变得浓稠阻塞乳腺，也不利于产后瘦身。

推荐食谱：鲤鱼冬瓜汤 123 页　苹果蜜柚橘子汁 119 页　何首乌红枣粥 120 页
清炒油菜 121 页　豆腐酒酿汤 129 页

鲤鱼

营养易吸收 鲤鱼中的蛋白质不但含量高，而且质量也佳，人体消化吸收率可达 96%。

催乳消肿 鲤鱼有补脾健胃、利水消肿、通乳、清热解毒等作用。

推荐补品 鲤鱼冬瓜汤（见 123 页）

维生素 A

17.6% 蛋白质

Se 硒

苹果

缓解情绪 苹果特有的香味可以缓解压力过大造成的不良情绪，产后情绪不稳定的新妈妈不妨多吃一些。

瘦身 苹果营养丰富，热量不高，是新妈妈瘦身的好选择。

推荐补品 鸡蛋时蔬沙拉（见 122 页）

维生素 C

13% 膳食纤维

红枣

补血安神 红枣是一种营养佳品，被誉为“百果之王”。产后气血两亏的新妈妈，坚持用枣煲汤，能够补血安神。

抗疲劳 红枣中还含有与人参中所含类同的皂苷，具有增强人体耐力和抗疲劳的作用。

推荐补品 清炖鸽子汤（见 133 页）

胡萝卜素

维生素 C

油菜

防便秘 油菜含有的维生素、矿物质和膳食纤维，能促进新妈妈的新陈代谢功能，预防便秘。

强身健体 油菜富含维生素 C、胡萝卜素、钙，可增强机体免疫能力，强身健体。

推荐补品 清炒油菜（见 121 页）

豆腐

营养丰富 豆腐含有铁、钙、磷、镁等人体必需的多种矿物质，还含有植物油和丰富的优质蛋白。

补钙养血 豆腐对宝宝的牙齿、骨骼的生长发育有益，在造血功能中可增加血液中铁的含量。

推荐补品 娃娃菜豆腐汤（见 120 页）

Ca 钙

8.1% 蛋白质

第5周饮食宜忌速查

宜服维生素防脱发

新妈妈会在产后出现明显的脱发症状，这是受到体内激素的影响而造成的。这种症状在 1 年之内便可自愈，新妈妈不必过分担心。如果脱发严重，可服用维生素 B_1、谷维素等，但要在医生指导下服用。

宜做体重监测

体重是人体健康状况的基本指标，过重或过轻都是非正常的表现，一旦超过会带来健康隐患。体重测量可监测新妈妈的营养摄入和身体恢复状态，时刻提醒新妈妈要防止不均衡的营养摄入和不协调的活动量危害健康。

不宜产后多吃少动

传统的月子观认为月子要静养，尽量少下床活动，但这并不利于新妈妈的恢复。新妈妈宜及早进行产后锻炼并适当控制营养的摄入量，这样有助于伤口痊愈和身体的恢复，控制体重增长。

第29天

剖宫产妈妈本周仍然处于恢复期，不过肚子上的伤口已经基本愈合，但留有发紫、发硬的瘢痕，此时，剖宫产妈妈应继续补充蛋白质，以促进腹内伤口的恢复，同时，适当吃些能够辅助去除瘢痕的富含维生素C的食物。

早餐

田园蔬菜粥

原料：西蓝花、胡萝卜、芹菜各30克，大米50克，盐适量。

做法：

1 西蓝花洗净，掰小朵；胡萝卜洗净，去皮，切丁；芹菜洗净，去根、去叶，切丁；大米洗净，浸泡30分钟。

2 锅置火上，放入大米和适量水大火烧开后转小火煮至大米开花，放胡萝卜丁、芹菜丁、西蓝花继续熬煮，待食材熟透，加盐调味即可。

功效：田园蔬菜粥可以帮助新妈妈补充维生素，有助于预防便秘，排毒瘦身。

早餐

牛油果三明治

原料：吐司2片，奶酪1片，牛油果1个，柠檬汁、橄榄油各适量。

做法：

1 牛油果，对半切开，去核，取肉切丁，与柠檬汁、橄榄油打成泥状，制成牛油果酱。

2 将牛油果酱与奶酪片夹在2片吐司间。

3 油锅烧热，放入吐司慢火烘焙，至吐司两面呈金黄色即可。

功效：经常换着花样吃早餐，可以增加新妈妈的食欲。

加餐

燕麦糙米糊

原料：燕麦40克，糙米30克，黑芝麻20克，冰糖适量。

做法：

1 将糙米、燕麦、黑芝麻分别淘洗干净，浸泡10小时。

2 除冰糖外的所有材料倒入豆浆机中，加水至上下水位线之间，启动“米糊”模式。

3 做好后倒出，加冰糖调味即可。

功效：燕麦糙米糊能有效地加快肠道蠕动，预防便秘。

预防便秘

新妈妈宜经常食用糙米、芹菜等富含膳食纤维的食物，可有效预防便秘。

午餐

青柠煎鳕鱼

原料：鳕鱼肉200克，柠檬半个，鸡蛋1个，盐、水淀粉各适量。

做法：

1 鳕鱼肉洗净，切块，加入盐腌制片刻；柠檬对切，将适量柠檬汁挤入鳕鱼块中后，柠檬切片，码入盘中。

2 鸡蛋取蛋清打散，备用。

3 将腌好的鳕鱼块裹上蛋清和水淀粉。

4 油锅烧热，放入鳕鱼块煎至两面金黄，出锅装盘即可。

功效：鳕鱼属于深海鱼类，可健脑益智，而且能缓解新妈妈的抑郁情绪。

加餐

苹果蜜柚橘子汁

原料：苹果、橘子各1个，柚子、柠檬、蜂蜜各适量。

做法：

1 柚子去皮、去子，撕去白膜，取果肉；苹果洗净，去皮及核，切块；橘子去皮、去子取果肉；柠檬挤汁。

2 将除柠檬汁外的上述水果放入榨汁机中，加入温开水，搅打均匀，调入蜂蜜、柠檬汁即可。

功效：柚子可润肠通便，瘦身养颜；橘子可美白护肤，榨汁饮用更易于人体吸收。

晚餐

蜜汁南瓜

原料：南瓜300克，红枣、白果、枸杞、蜂蜜、白糖、姜片各适量。

做法：

1 南瓜去皮，切丁；红枣、枸杞用温水泡发。

2 切好的南瓜丁放入盘中，加入红枣、枸杞、白果、姜片，入蒸笼蒸15分钟。

3 锅内加水、白糖和蜂蜜，小火熬制成汁，倒在蒸好的南瓜上即可。

功效：南瓜里富含降血脂的成分，有助于瘦身。

今日主打食材——南瓜

南瓜内含有维生素和果胶，果胶有很好的吸附性，能黏结体内细菌毒素，排出多余的脂肪。

南瓜糊

南瓜去皮后切块放蒸锅蒸熟；放入榨汁机，加少许温开水搅打成糊，加入蜂蜜即可。

南瓜小米粥

南瓜去皮切块后榨汁备用；小米洗净后放入锅中熬粥，快熟时加入南瓜略煮汁即可。

进一步加强体质

哺乳妈妈需要进一步加强体质，所以应继续保持定时定量进餐，全面补充营养，而不是总想着减肥。

早餐

何首乌红枣粥

原料：大米 50 克，何首乌 10 克，红枣 10 颗。

做法：

1 红枣洗净；大米洗净，用清水浸泡 30 分钟。

2 何首乌洗净，切碎，按何首乌与清水 1:10 的比例，将何首乌放入清水中浸泡 2 小时。

3 浸泡后用小火煎煮 1 小时，去渣取汁。

4 再将大米、红枣、何首乌汁一同放入锅内，小火煮成粥即可。

功效：此粥能补气血、益肝肾、黑秀发、养容颜。

早餐

西葫芦饼

原料：西葫芦、面粉各 250 克，鸡蛋 2 个，盐适量。

做法：

1 鸡蛋打散，加盐调味；西葫芦洗净，切丝。

2 将西葫芦丝放入蛋液中，加面粉搅拌成糊状。

3 油锅烧热，倒入面糊，煎至两面金黄，晾温切块即可。

功效：西葫芦含水量高，热量低，并且含钙、钾、维生素 A 等。

加餐

娃娃菜豆腐汤

原料：娃娃菜、豆腐各 50 克，虾皮、高汤、葱花、盐、香油各适量。

做法：

1 娃娃菜洗净，切成丝；豆腐切成块；虾皮洗净。

2 油锅烧热，放入葱花爆香，下入娃娃菜丝翻炒片刻，加入适量高汤煮沸。

3 放入豆腐块，煮至豆腐块浮起，放入虾皮煮至熟，加入盐、香油调味即可。

功效：娃娃菜豆腐汤含有蛋白质、钙及维生素，在为新妈妈补充营养的同时又不增重。

瘦弱的哺乳妈妈应补充脂肪、蛋白质

瘦弱的哺乳妈妈要注意补充脂肪和蛋白质，以满足宝宝皮下脂肪增长的需求。

午餐

干烧黄花鱼

原料：黄花鱼 1 条，五花肉丁 50 克，香菇丁、姜片、葱段、蒜片、料酒、酱油、白糖、盐各适量。

做法：

1 黄花鱼去鳞及内脏，洗净。

2 油锅烧热，放黄花鱼煎至微黄。

3 另起油锅，放五花肉丁和姜片，用小火煸炒，再放香菇丁、葱段、蒜片翻炒熟，加水烧开；放入黄花鱼，加料酒、酱油、白糖，转小火烧片刻，加盐调味即可。

功效：黄花鱼脂肪含量低，在提供丰富营养的同时不会让新妈妈长胖。

加餐

山药扁豆糕

原料：山药、扁豆各 250 克，陈皮、淀粉、彩椒丝各适量。

做法：

1 山药洗净，煮熟去皮，捣烂；陈皮切丝。

2 将扁豆切碎，与山药泥和陈皮丝一同加入搅拌机中打成泥。

3 山药扁豆泥装入盘中，加少许水和淀粉搅拌均匀，放在蒸锅中蒸熟，晾凉后切块，加彩椒丝点缀即可。

功效：山药扁豆糕可作为加餐食用，能够缓解新妈妈水肿，调理肠胃。

晚餐

清炒油菜

原料：油菜 400 克，蒜末、盐、白糖、水淀粉各适量。

做法：

1 油菜洗净，沥干水分。

2 油锅烧热，放入蒜末爆出香味。

3 油菜下锅炒至三成熟，加少许盐。

4 炒匀至六成熟，加白糖，淋入水淀粉勾芡即成。

功效：油菜不仅含有丰富的维生素和矿物质，而且有清肠排毒的功效，能帮助新妈妈减去多余脂肪。

今日主打食材——山药

山药低脂肪低热量，有健脾胃助消化的功效，能有效阻止血脂在血管壁的沉淀，预防心血疾病。

清炒山药

山药去皮切片；油锅爆香葱花，放入山药片翻炒至熟，加盐调味即可。

蒸铁棍山药

铁棍山药在灶火上烤一下烤掉毛，洗净后切断，上锅蒸 10~15 分钟即可。

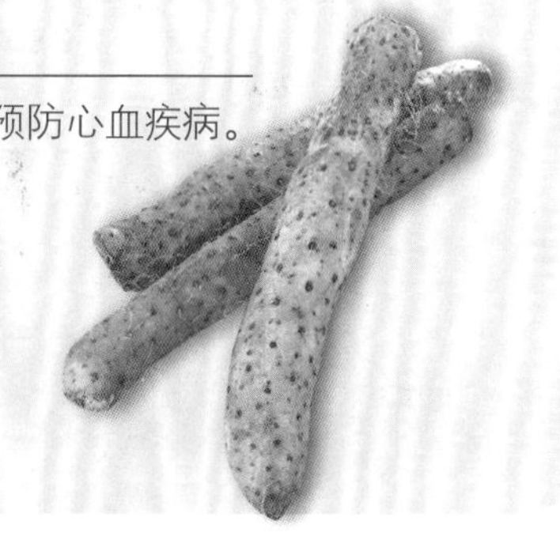

第30天

体质较好、体形偏胖的新妈妈，月子期间应减少肉类的摄入，多吃蔬果；体质较差、体形偏瘦的新妈妈，可适当增加肉类的摄入；患有高血压、糖尿病的新妈妈则应多吃蔬菜、瘦肉等低热量、高营养的食物。

早餐

莲子芡实粥

原料：大米50克，莲子20克，核桃仁、芡实各10克。

做法：

1 将大米、莲子、核桃仁、芡实洗净，水中浸泡2小时。

2 把莲子、核桃仁、芡实和大米一同倒入锅中，加适量水，以小火熬煮成粥即可。

功效：莲子养心安神，还有清火的作用，和芡实一同食用有助于新妈妈调养恢复。

早餐

鸡肝粥

原料：鸡肝30克，大米100克，葱花、姜末、盐各适量。

做法：

1 将鸡肝洗净，切碎；大米洗净，浸泡30分钟。

2 鸡肝碎与大米同放锅中，加适量清水，煮成粥。

3 待熟时放入葱花、姜末、盐，再煮3分钟即可。

功效：鸡肝营养丰富，煮粥服用，对新妈妈补血、补肾、补肝、明目都有很好的帮助。

加餐

鸡蛋时蔬沙拉

原料：鸡蛋2个，番茄100克，洋葱、苹果各50克，生菜、沙拉酱各适量。

做法：

1 鸡蛋放入冷水锅中，大火烧开后，继续煮10分钟；鸡蛋煮好后，剥去蛋壳，对半切开。

2 番茄、洋葱洗净，切片；生菜洗净，撕片；苹果洗净，切块。

3 所有材料放入碗中，倒入沙拉酱，搅拌均匀即可。

功效：这款沙拉维生素丰富，是新妈妈的健康瘦身食物。

忌吃辛辣燥热食物

哺乳妈妈不要吃韭菜、辣椒、茴香等辛辣燥热食物，否则容易通过乳汁造成宝宝内热。

午餐

豆角炖排骨

原料：排骨 400 克，豆角 250 克，盐、姜片、蒜末、生抽、蚝油各适量。

做法：

1 将排骨洗净，斩小段；豆角洗净切段。

2 油锅烧热，爆香姜片、蒜末，倒入排骨段，加入生抽、蚝油，翻炒至排骨段变色，加水，用大火烧沸。

3 调小火，倒入豆角段，炖煮至排骨段熟透，加盐即可。

功效：豆角炖排骨荤素搭配，补充多种营养素的同时也不会摄入过多脂肪。

加餐

金针菇蛋花汤

原料：金针菇 50 克，鸡蛋 2 个，紫菜 3 克，香油、盐各适量。

做法：

1 金针菇去蒂，洗净；鸡蛋磕入碗中充分打散。

2 锅内放入清水，水开后放金针菇，淋入蛋液。

3 水再次煮沸时，放入紫菜，煮熟后淋入香油，放盐调味即可。

功效：金针菇含有丰富的锌，对宝宝的智力发育大有裨益。

晚餐

鲤鱼冬瓜汤

原料：鲤鱼鱼头 1 个，冬瓜 200 克，盐适量。

做法：

1 鲤鱼鱼头去鳞洗净；冬瓜去皮、去瓤，洗净，切成薄片。

2 将鲤鱼鱼头和冬瓜片一起放入砂锅里，加 3 小碗水，小火慢炖，待鲤鱼鱼头熟透后加盐调味即可吃鱼头喝汤。

功效：鲤鱼利水消肿、清热解毒、滋补通乳，与冬瓜做汤有减肥的功效。

今日主打食材——豆角

豆角含丰富维生素 C 和植物蛋白质，能调理消化系统，减少脂肪累积。

豆角炒肉

油锅爆香葱、姜末，加入猪肉丝翻炒；放入豆角段，加水煮熟，加盐调味即可。

豆角炖土豆

油锅爆香葱花，放入豆角煸炒，再加入土豆、水、酱油炖 30 分钟，加盐调味即可。

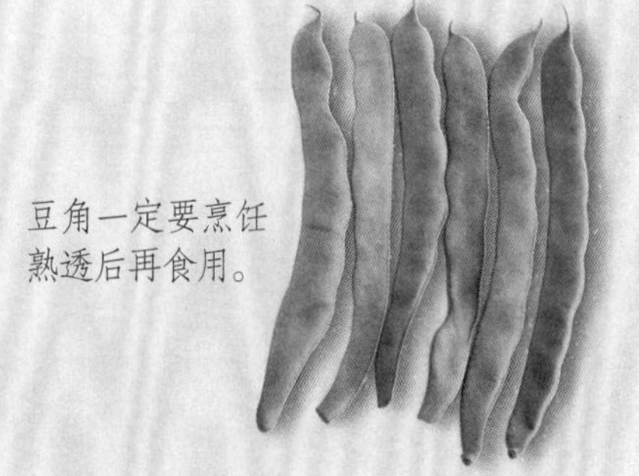

豆角一定要烹饪熟透后再食用。

第31天

新妈妈的饮食应遵循食物品种多样化的原则，可以用五色食材进行搭配，即黑、绿、红、黄、白食材尽量都能吃到，既增加食欲，又能营养均衡。新妈妈千万不要依靠服用营养品来代替饭菜，食用营养均衡的饭菜，经过人体自身消化，才能真正做到科学、健康地进补。

早餐

山药黑芝麻羹

原料：山药、黑芝麻各 50 克，白糖适量。

做法：

1 黑芝麻洗净，沥干水，放入锅内炒香，研磨成粉；山药洗净，烘干，研磨成细粉。

2 锅内加入适量清水，烧沸后将黑芝麻粉和山药粉加入锅内不断搅拌成糊，放入白糖调味，继续煮 5 分钟即可。

功效：山药黑芝麻羹有益肝、补肾、养血、健脾、助消化的作用，还具有美容乌发的功效。

早餐

玉米干贝粥

原料：大米 50 克，干贝 10 克，猪肉 30 克，玉米粒、胡萝卜、盐各适量。

做法：

1 胡萝卜洗净切丝；猪肉剁成肉末；干贝泡软撕成丝。

2 把大米和玉米粒一同放入锅中煮成粥。

3 加入胡萝卜丝、猪肉末和干贝丝，煮熟后加盐调味即可。

功效：清甜的玉米有开胃的作用；干贝可平稳情绪，一起煮粥营养又不增重。

加餐

紫薯山药球

原料：紫薯 150 克，山药 100 克，炼奶适量。

做法：

1 紫薯、山药分别洗净，去皮，蒸烂后压成泥。

2 在山药泥中混入紫薯泥并加适量蒸紫薯的水，然后拌入炼奶混合均匀，揉成球状即可。

功效：紫薯山药球含有氨基酸、维生素 B_2、维生素 C 及钙、磷、铁、碘等多种营养素。

食材的美容功效

不同的食材有不同的美容功效，黑芝麻可以乌发；猕猴桃可除暗疮；番茄能祛斑美白；山药可延缓衰老。

午餐

番茄鸡片

原料：番茄150克，鸡胸肉片100克，荸荠20克，鸡蛋清、水淀粉、盐、白糖各适量。

做法：

1 鸡胸肉片加盐、鸡蛋清、水淀粉腌制片刻；荸荠去皮洗净，切片；番茄洗净，去皮切块。

2 油锅烧热，放鸡胸肉片，大火炒至变色，捞出沥油。

3 另起油锅烧热，下番茄块，炒出汁，加荸荠片及清水大火烧开，放盐和白糖，用水淀粉勾芡，倒鸡胸肉片炒匀即可。

功效：番茄健胃消食，搭配鸡胸肉营养不增重。

加餐

猕猴桃芒果汁

原料：芒果1个，猕猴桃2个。

做法：

1 芒果去皮、去核，切成小块；猕猴桃切去两头，用勺子沿外皮旋转，取出果肉，切成小块。

2 将芒果块、猕猴桃块放入榨汁机中，加适量温开水，搅打成汁，将果渣和果汁混合均匀饮用即可。

功效：猕猴桃具有美容养颜、增强抵抗力的作用；芒果在滋润皮肤方面也有很好的效用，两者搭配食用，有助于美颜瘦身。

晚餐

猪骨菠菜汤

原料：猪骨150克，菠菜50克，盐、火腿条各适量。

做法：

1 将猪骨洗净斩段，放入沸水中汆一下，捞出沥水；菠菜洗净，切成段。

2 将猪骨放入锅内，加适量清水，熬成浓汤。

3 锅中放入菠菜段、火腿条，煮熟后加盐调味即可。

功效：此汤富含钙、铁、维生素和胡萝卜素，有补铁养血、健壮骨骼的作用。

今日主打食材——菠菜

菠菜可辅助治疗缺铁性贫血，其富含的膳食纤维可促进肠道蠕动，排出体内垃圾，利于控制体重。

清炒菠菜

菠菜洗净切段焯水备用；油锅爆香蒜末，放入菠菜段翻炒至熟，加盐调味即可。

菠菜炒鸡蛋

油锅烧热，放入鸡蛋液，凝固后翻炒，加入焯过水的菠菜段同炒，加盐调味即可。

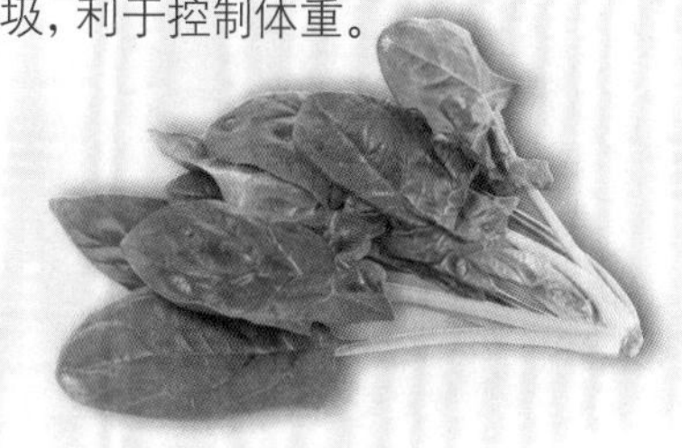

红色蔬菜

新妈妈可以多吃些红色蔬菜，如番茄、胡萝卜、红豆、红枣等，有助于补血活血。

早餐

鳗鱼饭

原料： 鳗鱼1条，油菜2棵，米饭1碗，竹笋、盐、酱油、高汤各适量。

做法：

1. 鳗鱼洗净，切段，加盐、酱油腌制；竹笋、油菜分别洗净，分别切片和切段。
2. 把腌好的鳗鱼放入烤箱里，温度180℃，烤熟。
3. 油锅烧热，放竹笋片、油菜段略炒，放烤熟的鳗鱼，加高汤、酱油，收汁出锅，浇在米饭上即可。

功效： 鳗鱼饭适合于产后虚弱的新妈妈食用。

早餐

干贝灌汤饺

原料： 面粉、猪肉末各100克，干贝20克，白糖、琼脂冻、姜末、盐各适量。

做法：

1. 将面粉加适量清水和盐，揉成面团，稍饧，制成圆皮；琼脂冻切小丁。
2. 干贝用温水泡发、撕碎，然后将猪肉末、干贝碎、姜末、盐、白糖一同调制成馅料。
3. 取圆皮包入馅料和琼脂冻丁，捏成月牙形，煮熟即可。

功效： 干贝味道鲜美，与猪肉做成馅，可补充优质蛋白质，又不会增长脂肪。

加餐

菠菜橙汁

原料： 菠菜40克，胡萝卜20克，橙子、苹果各半个。

做法：

1. 菠菜洗净，用开水焯过，切段；橙子洗净，连皮一起切小块；胡萝卜削皮洗净，切小块；苹果洗净，去核，切小块。
2. 将菠菜段、胡萝卜块、苹果块、橙子块一起放入榨汁机中，加适量温开水榨汁，滤去蔬果渣即可饮用。

功效： 菠菜橙汁富含维生素C，能提高铁的吸收率，预防贫血，还有助于减脂。

适量吃海参

海参属于高营养食物，但是吃多了容易上火，一般1周吃1次就可以了。

午餐

葱烧海参

原料：葱段120克，水发海参200克，高汤250毫升，熟猪油、料酒、酱油、水淀粉、盐各适量。

做法：

1. 将水发海参去内脏，洗净汆烫；烧热熟猪油把葱段炸黄，捞出，留底油。
2. 海参下锅稍炒，加入高汤、酱油、盐和料酒，烧至汤汁只剩1/3，用水淀粉勾芡，加入炸好的葱段稍烧即可。

功效：海参可延缓衰老、消除疲劳、提高免疫力，是滋补佳品，而且脂肪含量低，不必担心体重增加。

加餐

玫瑰草莓露

原料：干玫瑰花5克，草莓5个，牛奶125毫升。

做法：

1. 干玫瑰花和草莓洗净，榨汁滤渣。
2. 将牛奶倒入果汁中，搅拌均匀即可。

功效：玫瑰和牛奶有排毒的功效，产后皮肤暗淡的新妈妈可以适量饮用。草莓对于新妈妈瘦身美颜也有好处。

晚餐

蚝油草菇

原料：草菇200克，葱、姜、蚝油、老抽、盐各适量。

做法：

1. 草菇洗净，切成两半。
2. 葱、姜均切丝，备用。
3. 油锅烧热，爆香葱丝、姜丝。
4. 放入切好的草菇，加蚝油、老抽、盐，翻炒至熟即可。

功效：草菇可以养肝补血，增加乳汁，还能促进人体的新陈代谢，帮助新妈妈减去多余脂肪。

今日主打食材——草菇

草菇富含蛋白质、氨基酸、脂肪、碳水化合物和维生素C等成分，高营养低脂肪，好吃不长胖。

草菇炒芹菜

油锅煸炒芹菜，加入焯过水的草菇，放盐、酱油小火略焖一会儿即可。

青椒炒草菇

油锅煸炒青椒块，加入焯过水的草菇，加入高汤小火略焖一会儿即可。

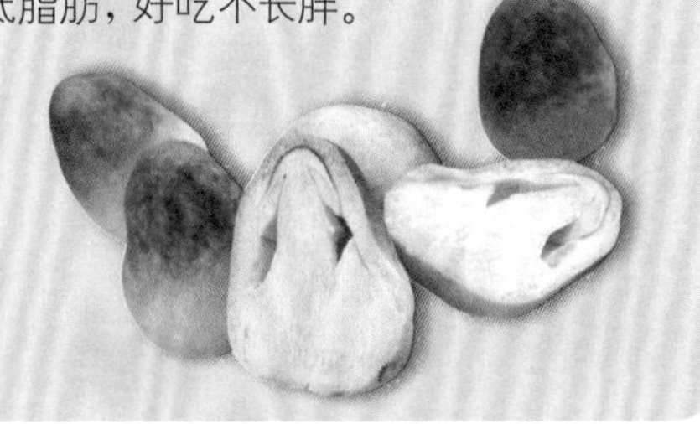

第32天

新妈妈的身体已经恢复得不错了，精力也基本恢复，但面色变黄、乳房下垂成了一些新妈妈心中的痛，此时可以通过饮食来调理一下。比如吃些猪蹄粥来补充胶原蛋白，预防、缓解乳房下垂。

早餐

鲢鱼小米粥

原料：鲢鱼1条，小米50克，丝瓜50克，盐适量。

做法：

1 鲢鱼去鳞、去内脏，洗净，去刺取肉，切成片；丝瓜去皮、去瓤，洗净，切片；小米洗净。

2 锅置火上，放小米、丝瓜片及适量水，大火烧开后转小火继续熬煮至丝瓜熟软、小米开花。

3 下入鲢鱼肉片，继续熬煮至鱼肉熟透，加盐调味即可。

功效：鲢鱼有泽肤、乌发的功效，也可利水通乳，是新妈妈瘦身、美容、催乳的不错选择。

早餐

糯米粽

原料：新鲜苇叶4张，糯米150克，红枣6颗。

做法：

1 糯米先用清水浸泡一夜。

2 鲜苇叶去干净叶上绒毛，洗净；红枣洗净，去核。

3 将糯米和红枣裹在苇叶中包成粽子，蒸熟后即可食用。

功效：糯米粽具有补中益气、暖脾和胃、止汗的功效，适宜新妈妈夏季食用。

加餐

蛋奶炖布丁

原料：牛奶250毫升，鸡蛋1个，白糖、黄油各适量。

做法：

1 鸡蛋打散；黄油化成液体；牛奶分两份，一份与鸡蛋液混合；布丁模内涂黄油。

2 锅中加水和白糖，小火慢熬至金黄色，趁热倒入碗模内。

3 另起锅，放剩余牛奶及白糖，小火加热，倒入牛奶蛋液中，用干净纱布过滤成蛋奶浆。

4 蛋奶浆倒入碗内八分满，入蒸锅小火隔水蒸熟透即可。

功效：牛奶可增强皮肤张力，保持皮肤润泽细嫩。

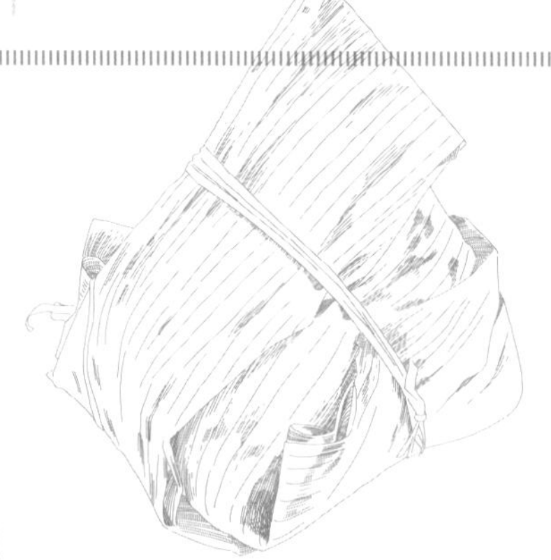

哺乳妈妈多喝汤

哺乳妈妈可以吃些汤类食物，对乳汁质量有很大的补充效用，但应少喝油脂多的汤类。

午餐

豆腐酒酿汤

原料：豆腐 100 克，红糖、酒酿各适量。

做法：

1 将豆腐切成块。

2 锅中加入适量清水煮沸，把豆腐块、红糖、酒酿放入锅内，煮 15~20 分钟即可。

功效：此汤香甜、酒味香，具有养血活血、催乳发奶、清热解毒的作用。产后常食，既能增加乳汁的分泌，又能促进子宫恢复。

加餐

猪蹄粥

原料：猪蹄 1 个，大米 50 克，花生仁 10 颗，葱段、姜片、盐各适量。

做法：

1 猪蹄洗净切小块，开水汆烫，去血沫；大米、花生仁分别洗净，浸泡 30 分钟。

2 砂锅加水，放猪蹄块、姜片、葱段煮开，转小火煮 1 小时。

3 放入大米、花生仁，再煮 1 小时。

4 猪蹄块熟透、米烂后加盐即可。

功效：猪蹄含有丰富的胶原蛋白，可增强皮肤弹性和韧性，是新妈妈理想的美容佳品。

晚餐

枣莲三宝粥

原料：绿豆 20 克，大米 80 克，红枣 2 颗，莲子、白糖各适量。

做法：

1 绿豆、大米、莲子、红枣分别淘洗干净；将绿豆和莲子放入适量开水闷泡 1 小时。

2 将闷泡好的绿豆、莲子放入锅中，加适量水烧开，再加入红枣和大米小火煮开。

3 待豆烂粥稠后加适量白糖调味即可。

功效：绿豆利湿除烦，莲子安神强心，红枣补血养血，三者同食，可以益气强身，适宜产后虚弱的新妈妈调理之用。

今日主打食材——胡萝卜

胡萝卜富含胡萝卜素，能促进细胞生成和发育，其富含的膳食纤维可促进代谢，帮助瘦身。

胡萝卜炒鸡蛋

鸡蛋打散炒熟后备用；胡萝卜丝入油锅炒熟，放入鸡蛋同炒，加盐即可。

胡萝卜苹果奶

苹果块、胡萝卜块、牛奶放入榨汁机一起榨汁，加入蜂蜜即可。

第33天

新妈妈在保证营养均衡，少盐、少油腻的饮食前提下，可以适当地做一些拉伸动作来锻炼，舒缓腹部肌肉，达到紧致腹部的目的。新妈妈不要熬夜，让身体得到充足的休息，以促进新陈代谢，有利于紧致皮肤、防止肤色暗沉，并为瘦身做好准备。

早餐

紫薯银耳松子粥

原料：紫薯50克，银耳10克，大米50克，熟松子仁5克。

做法：

1 银耳泡发，撕小朵；紫薯去皮，切小丁；大米洗净，浸泡1小时。

2 锅中加水，放大米，烧开后放入紫薯丁，再烧开后改小火。

3 放入银耳，待米粒开花时，撒入熟松子仁即可。

功效：此粥具有通便的功效，能帮助新妈妈预防便秘，并且能美容养颜。

早餐

香菇海带米糊

原料：香菇5朵，泡发海带50克，大米30克，盐、香油各适量。

做法：

1 香菇去蒂洗净，切丁；海带洗净切丝；大米洗净。

2 将香菇丁、海带丝、大米放进豆浆机，加适量清水，打成米糊。

3 最后放香油和盐调味即可。

功效：香菇可以提高新妈妈的免疫力，帮助新妈妈预防感冒；海带既能补钙还能帮助新妈妈产后瘦身。

加餐

葡萄雪梨酸奶

原料：葡萄300克，雪梨1个，酸奶250毫升。

做法：

1 葡萄洗净；雪梨洗净，去皮、去核，切块。

2 将雪梨块、葡萄放入榨汁机中，加入少量温开水榨成汁，兑入酸奶中，搅匀即可。

功效：葡萄雪梨酸奶是健康瘦身的好食物，还能帮助新妈妈美白肌肤。

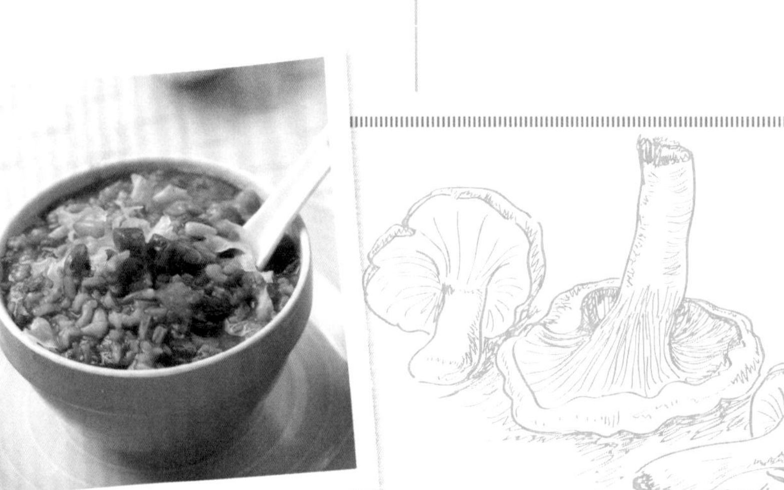

可随意更换水果。

保护眼睛

坐月子时注意少用眼，多吃些对眼睛有利的食物，如胡萝卜、橙子等，可减轻眼花的症状。

午餐 薏米番茄炖鸡

原料：薏米50克，鸡腿1个，番茄100克，香菜叶、黄椒丝、盐各适量。

做法：

1 薏米洗净，浸泡30分钟；鸡腿洗净，剁块，入沸水汆烫，去血沫；番茄洗净去皮，切块。

2 薏米放入锅中，加适量水，大火煮沸后转小火煮30分钟。

3 鸡腿块、番茄块放薏米汤中，转大火煮沸转小火炖熟，撒香菜末、黄椒丝，加盐即可。

功效：番茄中富含维生素C，有助于促进新妈妈的皮肤恢复弹性，达到紧致皮肤的效果。

加餐 黄豆芽海带汤

原料：黄豆芽、泡发海带各30克，番茄100克，香油、盐各适量。

做法：

1 黄豆芽洗净；泡发海带洗净，切成丝；番茄洗净切成片。

2 油锅油热后放入番茄片煸炒。

3 将黄豆芽、番茄片一同放入锅中，加清水煮沸，转小火煮至海带丝软烂。

4 出锅前放盐和香油调味即可。

功效：黄豆芽海带汤可以帮助新妈妈补钙，番茄有减轻妊娠纹的作用。

晚餐 豌豆猪肝汤

原料：豌豆50克，猪肝30克，姜片、盐各适量。

做法：

1 猪肝洗净，切成片；豌豆在凉水中浸泡30分钟。

2 锅中加水烧沸后放入猪肝片、豌豆、姜片一起煮30分钟。

3 待熟后，加盐调味即可。

功效：豌豆中富含优质蛋白质，可以提高产后新妈妈的抗病能力和康复能力，还有通乳作用。

今日主打食材——豌豆

豌豆可消炎抗菌、增强新陈代谢，其富含的膳食纤维给人以饱腹感，有利于新妈妈控制体重。

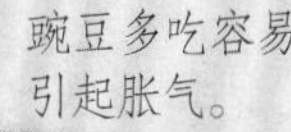

豌豆炒鸡蛋

鸡蛋炒熟备用；豌豆放入油锅翻炒后加水焖煮一会儿后，加入鸡蛋翻炒至熟，加盐调味即可。

清炒豌豆

豌豆放入油锅后翻炒，至表面开始发皱发白，加盐，继续炒至熟即可。

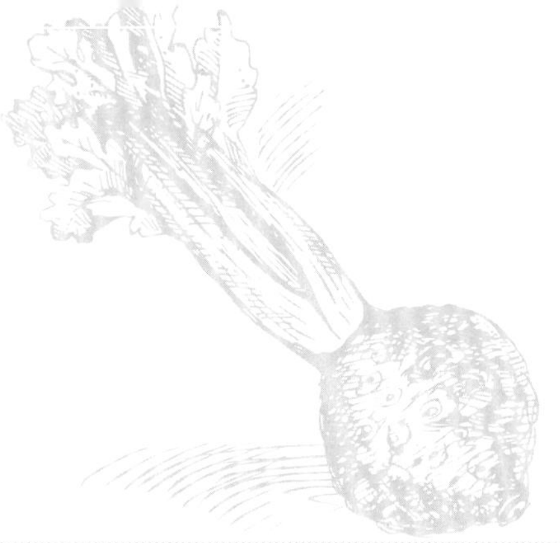

喝些鲜榨果汁

鲜榨果汁富含维生素C，可以促进胶原蛋白的合成，帮助伤口愈合，滋润肌肤。

早餐

木耳粥

原料：木耳10克，大米50克。

做法：

1. 木耳泡发洗净，撕小朵；大米洗净，浸泡30分钟。
2. 锅置火上，放入大米和适量水，大火烧沸后改小火，放入木耳。
3. 小火熬煮30分钟，关火即可。

功效：木耳粥能补血、清肠道，并提高新妈妈的免疫力。

早餐

菠菜肉末粥

原料：大米30克，菠菜50克，猪肉末20克，盐、葱花各适量。

做法：

1. 大米洗净，放入锅内，加适量水，大火烧开后转中小火熬至稀粥状；菠菜洗净切段备用。
2. 油锅烧热，放葱花爆香，放入猪肉末翻炒。
3. 肉末变色后放菠菜段炒熟，加盐炒匀；将熬好的粥盛出浇上肉末菠菜即可。

功效：菠菜中含有丰富的钙和叶酸，可以提高乳汁质量，让宝宝更聪明、更健康。

加餐

木瓜牛奶饮

原料：木瓜150克，牛奶250毫升，冰糖适量。

做法：

1. 木瓜洗净，去皮、去子，切成细丝。
2. 木瓜丝放入锅内，加水没过木瓜即可，大火熬煮至木瓜熟烂。
3. 加入牛奶和冰糖，与木瓜一起调匀，再煮至汤微沸即可。

功效：牛奶有利于解除疲劳并助眠，加入木瓜有丰乳瘦身的效果。

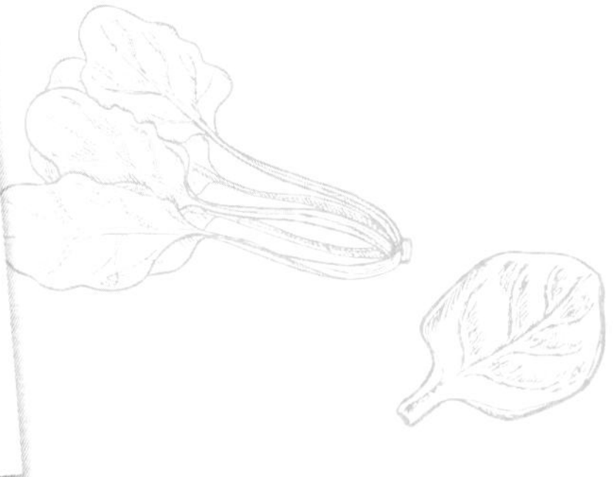

脾胃虚弱的新妈妈不宜食用。

食用含钙食物

产后腰酸或者腿抽筋的新妈妈，一定要多吃富含钙的食物，如虾、芝麻酱、牛奶等。

午餐

清炖鸽子汤

原料：鸽子1只，干香菇1朵，山药50克，红枣3颗，枸杞、姜片、盐各适量。

做法：

1 干香菇泡发后洗净，去蒂切十字花刀；山药削皮，切菱形片。

2 水烧开，放入鸽子，汆烫后捞出洗净。

3 砂锅放水烧开，放姜片、红枣、香菇、鸽子，小火炖1个小时；再放入枸杞、山药，用小火炖至鸽肉酥烂，加盐调味即可。

功效：鸽肉富含蛋白质，脂肪含量较少，非常适宜非哺乳妈妈补虚食用。

加餐

芝麻酱拌苦菊

原料：苦菊100克，芝麻酱、盐、醋、白糖、蒜泥各适量。

做法：

1 苦菊洗净后沥干水，切段。

2 芝麻酱用适量温开水化开，加入盐、白糖、醋搅拌成糊状。

3 把拌好的芝麻酱倒在苦菊上，撒上蒜泥，食用时拌匀即可。

功效：此菜水分充足，富含维生素，是新妈妈清热减脂的美食。

晚餐

芒果炒虾仁

原料：芒果1个，虾150克，青椒片、盐各适量。

做法：

1 芒果去皮、去核，切块；虾去头、去壳、去虾线，取虾仁，洗净。

2 油锅烧热，下虾仁炒至变色，加盐调味。

3 待虾仁熟透后放入芒果块、青椒片，翻炒均匀即可。

功效：芒果可以修复肌肤细胞，使肌肤充满弹性，剖宫产妈妈食用可促进伤口恢复。

今日主打食材——苦菊

苦菊是低脂、低热量蔬菜，有助于促进人体内抗体的合成，增强机体免疫力。

凉拌苦菊

苦菊、番茄块和熟花生碎放入碗中，加入醋、香油、糖兑成的调味汁搅拌均匀即可。

苦菊炒鸡蛋

鸡蛋液打散放油锅炒熟，加入洗净的苦菊翻炒至熟，加盐调味即可。

第34天

哺乳妈妈由于需要哺乳，可能会经常感到饥饿，此时新妈妈不能为了减肥而节食，也不能感到饿了就暴饮暴食，这样都不利于自身健康和保持身材，饿的时候可以喝点果汁、粥等低脂肪的食物来补充。

早餐

腐竹玉米猪肝粥

原料：腐竹10克，大米、玉米粒各50克，猪肝30克，葱花、盐各适量。

做法：

1 腐竹泡发，洗净，切段；大米、玉米粒均洗净，浸泡30分钟。

2 猪肝洗净，用开水汆烫，洗净，切薄片，用盐腌入味。

3 腐竹、大米、玉米粒放锅中，加适量清水，大火煮沸，转小火慢炖30分钟。

4 放入猪肝，转大火煮10分钟，出锅前放盐调味，撒葱花即可。

功效：腐竹可缓解新妈妈的健忘。

早餐

冬瓜番茄炒面

原料：冬瓜、番茄各100克，面条150克，盐、酱油、香油各适量。

做法：

1 冬瓜去皮、去瓤，洗净，切丝；番茄洗净，去皮切丝。

2 锅中放水烧开，放面条煮至八成熟，放凉白开中过凉，捞出。

3 油锅烧热，放番茄丝、冬瓜丝、盐翻炒出汁，下面条翻炒至熟，加酱油、盐，淋上香油即可。

功效：冬瓜可利水消肿，预防水肿引发的虚胖；番茄可淡化妊娠斑，一起食用能有效淡斑、瘦身。

加餐

柚子猕猴桃汁

原料：猕猴桃3个，柚子半个，蜂蜜适量。

做法：

1 猕猴桃切去两头，用勺子沿外皮内侧旋转，取出果肉，切块；柚子取果肉掰成小块。

2 将猕猴桃块、柚子块放入榨汁机中榨汁，倒入杯中搅匀，加蜂蜜调味即可。

功效：猕猴桃中的维生素C预防色素沉淀，保持皮肤白皙，和柚子搭配能帮助新妈妈保持好身材。

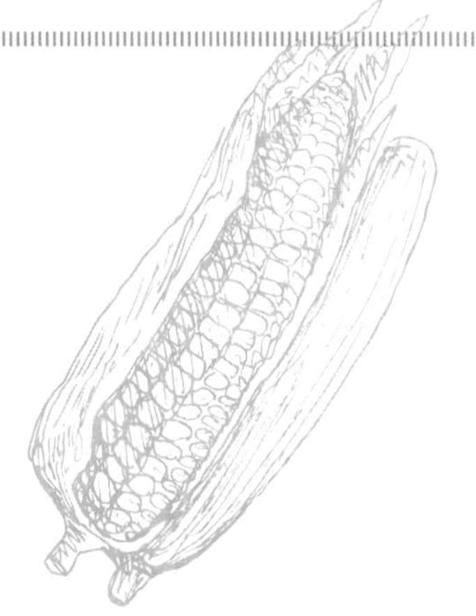

菌中之冠

银耳素有"菌中之冠"的美称，不仅滋阴养肺、益气润肠，而且可以润泽肌肤，是难得的抗衰养颜的美容补品。

午餐

黄豆莲藕排骨汤

原料：黄豆、莲藕各20克，排骨段50克，香菜叶、盐、高汤、醋、姜片各适量。

做法：

1 莲藕去皮，洗净切大块；黄豆洗净，泡2小时。

2 油锅烧至五成热，倒排骨段翻炒，下高汤、姜片、黄豆、盐、醋、藕块炖煮。

3 开锅后移入砂锅，炖至黄豆熟软、排骨肉骨分离，出锅时撒香菜叶即可。

功效：黄豆中所富含的维生素E能抑制皮肤衰老，和排骨搭配营养互补又不会增重。

加餐

银耳羹

原料：银耳30克，樱桃、草莓、冰糖、淀粉、核桃仁各适量。

做法：

1 银耳洗净，切碎；樱桃、草莓洗净，对半切。

2 将银耳碎放入锅中，加适量清水，大火烧开后转小火煮30分钟，加入冰糖、淀粉，稍煮。

3 放入樱桃、草莓、核桃仁，稍煮即可。

功效：银耳富含可溶性膳食纤维，对恢复身材有益，其含有的微量元素还可以增强免疫力。

晚餐

木耳猪血汤

原料：猪血100克，木耳10克，盐适量。

做法：

1 将猪血切块；木耳泡发后撕成小块。

2 将猪血与木耳同放锅中，加适量水，用大火加热烧开。

3 用小火炖至猪血块浮起，撇去血沫，加盐调味即可。

功效：猪血有解毒清肠、补血美容的功效。另外，猪血富含铁，对产后新妈妈贫血有改善作用。

今日主打食材——猪血

猪血富含维生素B_2、维生素C、铁、磷、钙等营养素。可补血养心，防治新妈妈缺铁性贫血。

肉末炒猪血

猪血洗净切块，开水汆熟；油锅烧热，爆香葱、姜末，放肉末、料酒、酱油、盐、猪血炒熟即可。

猪血汤

猪血洗净切片，开水汆烫；锅中放高汤烧沸，放入猪血、盐、香菜末再次烧沸即可。

第35天

坐月子期间，新妈妈很容易出现便秘，新妈妈可以多吃富含膳食纤维的蔬菜和水果，不断补充水分，有利于大便松软。此外，新妈妈可以通过缩肛运动来锻炼骨盆底肌肉，从而预防产后便秘。

早餐

菠萝虾仁炒饭

原料：虾仁80克，豌豆50克，米饭150克，菠萝50克，蒜末、盐、香油各适量。

做法：

1 虾仁洗净；菠萝取果肉切小丁；豌豆洗净，入沸水焯熟。

2 油锅烧热，爆香蒜末，加入虾仁炒至八成熟，加豌豆、米饭、菠萝丁快炒至饭粒散开，加盐、香油调味即可。

功效：新妈妈通过吃这道炒饭可获得充足的维生素和碳水化合物，让一整天都精力充沛。

早餐

高汤馄饨

原料：猪肉末200克，芹菜100克，面粉、高汤、紫菜、盐、葱花、姜末、酱油各适量。

做法：

1 芹菜洗净切碎；猪肉末加酱油、盐、葱花、姜末及适量水拌匀，再加芹菜碎调拌成馅。

2 面粉加温水和成面团，揉匀，搓成细条，揪剂，擀成薄皮；将调好的馅包入皮中成馄饨。

3 锅中放高汤大火烧开，放馄饨，煮熟后加盐、紫菜煮熟即可。

功效：馄饨有肉有菜，营养丰富，并有滋补作用。

加餐

水果沙拉

原料：香蕉半根，草莓2个、芒果半个，猕猴桃半个，提子、蓝莓、蜂蜜各适量。

做法：

1 所有水果或洗净或去皮，草莓切半；芒果、香蕉、猕猴桃切块。

2 将水果按照草莓、芒果、香蕉、猕猴桃、提子、蓝莓的顺序码放，淋上蜂蜜即可。

功效：多种水果搭配，可以预防便秘，增强免疫力，实现健康瘦身。

经常活动

除了特殊情况外，一般来说新妈妈都要经常活动，而不是一直卧床静养，否则很容易出现便秘的症状。

午餐

茭白炖排骨

原料：茭白 50 克，排骨 100 克，香菇 2 朵，姜片、盐各适量。

做法：

1 茭白剥去绿色外皮，斩去硬茎，切成块状；排骨洗净斩小段，在开水中汆烫，洗净血沫；香菇洗净，切十字刀。

2 锅中放水煮开，放入排骨段、茭白块、香菇和姜片大火煮 20 分钟，加盐继续炖至食材熟透即可。

功效：茭白不仅有催乳的功效，还有助于滋养皮肤。

加餐

白萝卜鲜藕汁

原料：白萝卜、莲藕各 50 克，蜂蜜适量。

做法：

1 白萝卜、莲藕分别洗净，切碎末；将莲藕末、白萝卜末放入榨汁机中榨汁。

2 用干净的纱布过滤，取汁，加入适量蜂蜜，搅拌均匀即可。

功效：莲藕含有维生素 C、维生素 K、膳食纤维，和白萝卜搭配可利水祛湿、排毒瘦身。

晚餐

清炒茼蒿

原料：茼蒿 200 克，盐适量。

做法：

1 将茼蒿洗净，切段。

2 油锅烧热，放入茼蒿翻炒至熟。

3 最后加盐调味即可。

功效：茼蒿可活血祛毒，能防止产后瘀血而导致的腹痛，而且还有助于预防便秘，帮助新妈妈瘦身。

今日主打食材——茼蒿

茼蒿含有丰富的维生素 C 和膳食纤维，既能美白肌肤、帮助瘦身，还有助于降低胆固醇。

蒸茼蒿

茼蒿洗净晾干，均匀蘸上面粉，入蒸锅蒸五六分钟，蒸熟后蘸芝麻酱或者其他调味汁食用。

茼蒿炒鸡蛋

油锅烧热，炒熟鸡蛋，放入焯过水的茼蒿段翻炒，加入枸杞、盐炒熟即可。

用淡盐水浸泡片刻再清洗，可有效去除茼蒿上残留的农药。

第 6 周

新妈妈的身体变化

乳房

在哺乳期要避免体重增加过多，因为肥胖也会导致乳房下垂。哺乳期的乳房呵护对防止乳房下垂特别重要，要坚持穿文胸，同时要注意乳房卫生，防止发生感染。

胃肠

基本上没有什么不适感，瘦身食谱的使用，令胃肠变得很轻松。

子宫

本周，新妈妈的子宫内膜已经复原。子宫体积已经慢慢收缩到原来的大小，用手摸已经无法摸到。

伤口及疼痛

到了本周末，与宝宝一起去做产后检查时，才想起伤口上的痛，估计是一种心理上的条件反射，新妈妈大可不必在意。

恶露

上一周恶露已经完全消失，但有些新妈妈发现已经开始来月经了。非哺乳妈妈通常在产后 6~10 周就可能出现月经，而哺乳妈妈的月经恢复时间一般会延迟一段时间。

排泄

争取让摄入的食物快快消耗掉，以免储存在身体里变成负担。产后 1 个月后要开始有意识地加强瘦身锻炼和执行瘦身食谱，新妈妈会发现，排便的次数会增加，但没有腹泻症状，那是奇妙的瘦身食材在发挥作用。

产后第6周调养方案

新妈妈在这周不需继续大量进补了，可以开始为恢复身材做准备了，此时的新妈妈更要注意营养的均衡摄入，做到科学、健康瘦身。新妈妈不要用节食来达到瘦身的目的，因为过分节食而影响宝宝及自身健康，是很不“划算”的。

1 饮食 + 运动瘦身

新妈妈在身体恢复得不错的情况下，可以从饮食和运动两方面达到瘦身的效果。产后瘦身也需要吃一些水果，如香蕉、苹果、橙子。水果含有丰富的维生素和矿物质，几乎不含脂肪，可以减少饥饿感。新妈妈还可以吃些利尿、消肿、排毒的食物，如冬瓜、豆腐、番茄等。此外，可适当进行瘦身锻炼，但是，锻炼的时间不可过长，运动量也不能过大，要注意循序渐进，逐渐增加运动量。

2 B 族维生素促进脂肪和糖分代谢

维生素 B_1 可以将体内多余的糖分转换为能量，维生素 B_2 可以促进脂肪的新陈代谢。一旦 B 族维生素摄取不足，不仅导致腿胖，还容易因疲倦而引起腰酸背痛。

富含维生素 B_1 的食物：猪肉、猪肝、黑糯米、花生、脱脂奶粉、全麦面包等。富含维生素 B_2 的食物：猪肉、动物肝脏、鳗鱼、蘑菇、蛤蜊、茄子、木耳、紫菜等。

营养又不增重的月子餐每日推荐

月子即将结束，新妈妈的身体也复原得差不多了，从现在开始，就要慢慢调整自己的饮食到正常，力求清淡、少盐、少食多餐，让自己的体形慢慢恢复到以前的曼妙，哺乳妈妈要根据自己的奶水情况来具体调整。

400 千卡 早餐 + **100 千卡** 加餐 + **650 千卡** 午餐 +

早餐 黑芝麻饭团（做法见144页），热量为300千卡。

午餐 胡萝卜炖牛肉（做法见145页），热量为250千卡。

3 产后瘦身忌急于求成

产后减肥不能操之过急，月子和哺乳期过分追求瘦身非常伤身体，新妈妈必须格外注意。产后需要调养身体，补充营养，绝对不可以不顾及自己身体强行减肥。

4 贫血时瘦身不可取

如果分娩时失血过多，会造成贫血，使产后恢复速度减慢，在没有解决贫血问题时瘦身势必会加重贫血。所以，产后新妈妈若贫血一定不能减肥，要多吃含铁丰富的食品，如菠菜、红糖、鱼、肉类、动物肝脏等。

5 忌产后节食瘦身

产后节食伤身体，哺乳期妈妈更不可节食，产后所增加的体重，主要为水分和脂肪，这也是乳汁的主要成分。随着宝宝食量的逐渐增大，哺乳妈妈就会慢慢变瘦。在月子期间新妈妈通过节食来瘦身，不但会影响自身的健康，也不利于宝宝的发育。

第6周 产后恢复关键点

新妈妈身体状况恢复得好坏，关系到今后相当长一段时间甚至终身的健康。等产后第 6 周过完，要及时到医院进行产后检查，查看身体的恢复情况。

- 新妈妈要谨防子宫恢复不全，症状有：腰痛、下腹坠胀、血性恶露淋漓不尽，甚至大量出血等。
- 大龄新妈妈要格外注意保持会阴的清洁，可以用专门的按摩手法来恢复阴道的弹性，以加强大龄新妈妈子宫的恢复能力。
- 新妈妈过早穿塑型衣，不仅会影响胃肠的蠕动，导致便秘，还会使腹腔脏器供氧不足。
- 新妈妈不要长时间看书、看电视、使用电脑等，这样容易伤害眼睛，出现眼花等症状。
- 注意头部的保暖，洗完头发要及时擦干，以免出现产后头疼的情况。
- 此时新妈妈还应该尽量少外出，减少与各种灰尘、细菌、病菌接触的机会，以预防各种疾病。
- 产后不宜过早进行性生活，否则易导致阴道黏膜受损。

含钾食物

产后新妈妈体内盐分过高会出现水肿，要控制盐的摄入量，吃些促进体内盐分排泄的含钾食物。

芹菜

莲藕

花生

150千卡 加餐 + 400千卡 晚餐 =1 700 千卡

吃些利于瘦身的食物

晚餐 橄榄炒四季豆（做法见 147 页），热量为 100 千卡

产后减肥需要考虑饮食、运动等多方面因素，不能盲目吃减肥药瘦身，应该科学健康地瘦身，饮食和运动相结合是最好的减肥方法。

本周必吃的5种食材

产后第6周，新妈妈应注重饮食的质量，少食用高脂肪、高蛋白、不易消化的食物，以便瘦身。多食用豆腐、冬瓜等营养丰富而脂肪含量又少的食物，并注意多吃水果。

推荐食谱： 竹荪红枣茶 150 页　冬瓜蜂蜜汁 149 页　红豆冬瓜粥 150 页
魔芋鸭肉汤 149 页　凉拌魔芋丝 155 页　木耳猪血汤 135 页

竹荪

瘦身 竹荪属于碱性食物，能减少腹壁脂肪的积存，有刮油的效果，是产后新妈妈瘦身的理想食材。

营养丰富 竹荪富含多种矿物质，如锌、铁、铜、硒等。

推荐补品 木瓜竹荪排骨汤（见 153 页）

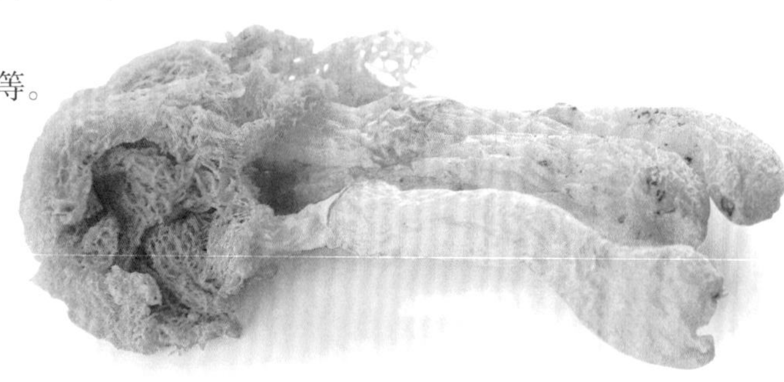

17.8% 蛋白质

冬瓜

减肥 冬瓜是瘦身蔬菜，不仅因它可轻身利水，还因为其中含有一种抑制脂肪转化的成分，补身的同时不增加热量负荷。

美容护发 冬瓜子中的油酸能抑制黑色素沉积，起到淡化色斑和美白皮肤的功效，一些微量成分可预防脱发和须发早白。

推荐补品 冬瓜海米汤（见 160 页）

0.2% 脂肪

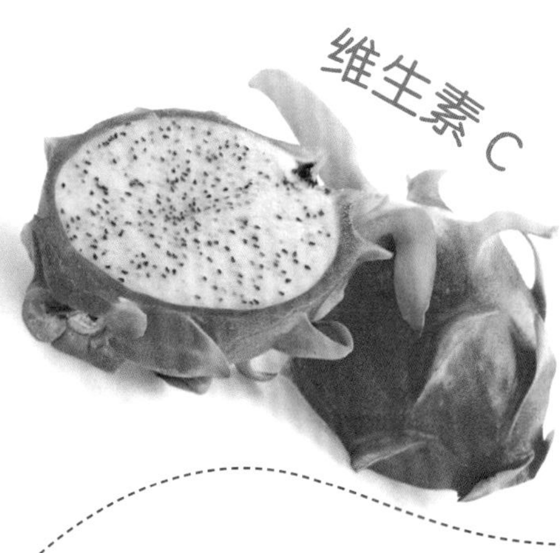

火龙果

减肥 火龙果中所含膳食纤维较高，进食后容易给人一种饱胀感，有利于减肥。

美白肌肤 火龙果富含维生素C，有美白、润泽肌肤的功效。

推荐补品 牛奶火龙果饮（见159页）

多吃火龙果

火龙果富含花青素，具有抗氧化、抗自由基、抗衰老的作用，可让新妈妈更年轻。

膳食纤维

魔芋

控制体重 魔芋的主要成分是葡甘露聚糖，食用后有饱腹感，从而减少新妈妈摄入食物的量，消耗多余脂肪，有利于控制体重，实现自然减肥。

推荐补品 荠菜魔芋汤（见144页）

木耳

预防肥胖 木耳含有丰富的膳食纤维和一种特殊的植物胶质，这两种物质能够促进胃肠的蠕动，促进肠道脂质的排泄，减少对食物的吸收，降低血脂，从而起到防止肥胖和减肥的作用。

推荐补品 豆芽木耳汤（见154页）

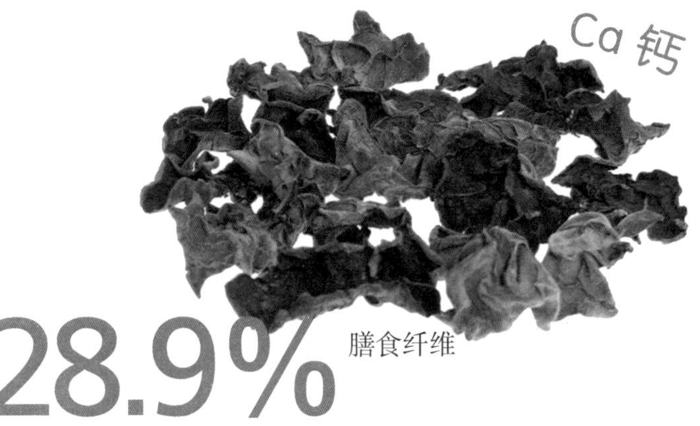

第6周饮食宜忌速查

产后瘦身宜多食用苹果

苹果营养丰富，热量不高，而且是碱性食品，可增强体力和抗病能力。苹果果胶属于可溶性膳食纤维，不但能加快胆固醇代谢，有效降低胆固醇水平，更可加快脂肪代谢。所以，产后新妈妈瘦身应多吃苹果。

便秘时忌瘦身

产后水分的大量排出和肠胃失调极易引发便秘，而新妈妈便秘时不宜瘦身，应有意识地多喝水和多吃富含膳食纤维的蔬菜，如莲藕、芹菜等，便秘较严重时可以多喝酸奶。

产后不宜强制瘦身

产后42天内，不能盲目节食减肥。因为身体还未完全恢复到孕前的程度，加之还担负哺育任务，此时正是需要补充营养的时候。产后强制节食，不仅会导致新妈妈身体恢复慢，严重的还有可能引发产后各种并发症。

第36天

膳食纤维具有纤体排毒的功效，因此新妈妈在平日三餐中应多摄取芹菜、南瓜、红薯与芋头这些富含膳食纤维的蔬菜，可以促进胃肠蠕动，减少脂肪堆积。

早餐 黄豆糙米南瓜粥

原料： 糙米80克，黄豆20克，南瓜50克。

做法：

1 黄豆、糙米分别洗净，浸泡1小时；南瓜洗净，去皮、去瓤，切块。

2 糙米、黄豆、南瓜块一同放入锅内，加适量清水大火煮沸，转小火煮至粥稠即可。

功效： 糙米和南瓜容易让新妈妈有饱腹感，有利于控制食量及体重。

早餐 黑芝麻饭团

原料： 糯米、大米各30克，红豆50克，黑芝麻、白糖各适量。

做法：

1 黑芝麻炒熟；糯米、大米洗净，放入电饭煲中加水煮熟。

2 红豆浸泡后，放入锅中煮熟烂，捞出，加白糖捣成泥。

3 盛出米饭，包入适量红豆泥，双手捏紧成饭团状，再滚上一层熟黑芝麻即可。

功效： 黑芝麻有补钙、乌发的功效，其富含的维生素E还能让新妈妈的皮肤更加滋润。

加餐 荠菜魔芋汤

原料： 荠菜150克，魔芋100克，姜丝、盐各适量。

做法：

1 荠菜洗净，切段；魔芋洗净，切成条，用热水煮2分钟去味，沥干。

2 锅内加清水、魔芋条、姜丝一同用大火煮沸。

3 下入荠菜段，转中火煮至荠菜熟软，加盐调味即可。

功效： 魔芋食后有饱腹感，可减少食物的摄入量，从而控制热量的摄入，避免脂肪堆积。

炖牛肉要点

炖牛肉时宜用热水，这样可保留肉中的营养，而且要等肉熟烂后再加盐，可防止肉质太硬。

午餐

胡萝卜炖牛肉

原料：牛肉100克，胡萝卜150克，姜末、干淀粉、酱油、料酒、盐各适量。

做法：

1 牛肉洗净，切块，用姜末、淀粉、酱油、料酒调味，腌制10分钟；胡萝卜洗净，去皮，切块。

2 油锅烧热，放入腌好的牛肉块翻炒，加适量水，大火烧沸，转中火炖至六成熟，加入胡萝卜块，炖煮至熟，加盐调味即可。

功效：牛肉脂肪含量较低，富含优质蛋白，能增强新妈妈的体力。

加餐

韩式海带汤

原料：牛肉20克，泡发海带30克，姜片、青蒜、盐各适量。

做法：

1 泡发海带先用清水洗净，切成丝；青蒜洗净切段；牛肉切丁。

2 锅油炒热，放入姜片和青蒜段爆香，然后放牛肉丁和海带丝。

3 加适量清水，用大火烧开10分钟后，小火煲熟，加盐调味即可。

功效：海带的矿物质含量很高，可以提高身体的免疫力，而且能帮助新妈妈健康瘦身。

晚餐

芦笋炒肉丝

原料：猪瘦肉50克，芦笋40克，胡萝卜20克，葱丝、盐、白糖各适量。

做法：

1 猪瘦肉切丝备用；芦笋洗净，切段；胡萝卜洗净，切丝。

2 锅中烧开水，放入芦笋段和胡萝卜丝焯一下，捞出备用。

3 油锅烧热，煸香葱丝，倒入猪瘦肉丝煸炒至变色。

4 倒入芦笋段和胡萝卜丝一起翻炒，加盐、白糖调味即可。

功效：芦笋含有蛋白质、膳食纤维、氨基酸等营养，与肉类搭配营养均衡又不易增重。

今日主打食材——黑芝麻

黑芝麻具有补肝肾、润五脏、益气力、长肌肉的作用，但脂肪含量高，新妈妈一次不要吃太多。

黑芝麻馒头

黑芝麻炒熟后磨成粉加入到面粉中，做成黑芝麻馒头蒸熟即可。

黑芝麻豆浆

黑芝麻炒熟后与浸泡后的黄豆一起放入豆浆机，制作成黑芝麻豆浆，最后加蜂蜜调味即可。

早起喝杯温开水

新妈妈可以在起床后喝杯温开水，把夜晚在体内积累的毒素、代谢物排出体外，达到健康瘦身。

早餐

薏米绿豆糙米粥

原料：绿豆、薏米、大米、糙米各50克，白糖适量。

做法：

1 糙米、薏米、大米、绿豆分别洗净，浸泡2小时。

2 所有材料放入锅中，加入适量清水煮开。

3 转小火边搅拌边熬煮半小时至米、豆熟烂。

4 继续熬至粥稠，加入白糖调味即可。

功效：薏米具有利尿、补血、祛湿、消水肿的功效，很适合产后新妈妈排除体内多余水分。

早餐

红薯饼

原料：红薯250克，糯米粉50克，豆沙馅、蜜枣、白糖、葡萄干各适量。

做法：

1 红薯煮熟，去皮捣碎后，与糯米粉和匀成面团；蜜枣、葡萄干洗净剁碎和豆沙馅、白糖混合成馅料。

2 将红薯面团揉成丸子状，压成圆饼，包入馅料压平。

3 入油锅煎熟即可。

功效：红薯饼含有丰富的膳食纤维，可维持新妈妈消化系统的健康。

加餐

核桃仁莲藕汤

原料：核桃仁10克，莲藕150克，白糖适量。

做法：

1 莲藕洗净切成片备用。

2 将核桃仁、莲藕片放入锅内，加清水用小火煮至莲藕片绵软。

3 出锅时加白糖调味即可。

功效：核桃仁可活血祛瘀；莲藕可排净身体内的“垃圾”，还可预防缺铁性贫血。

核桃仁煮后可减少油脂的摄入。

夏吃四季豆

四季豆是夏季的应季蔬菜，夏季坐月子的新妈妈可吃些四季豆消暑，还能补充维生素。

午餐

鲷鱼豆腐汤

原料： 鲷鱼 1 条，豆腐、胡萝卜各 50 克，葱末、盐各适量。

做法：

1 鲷鱼切块，入开水汆烫捞出，再用清水洗去浮沫；豆腐、胡萝卜洗净，切丁。

2 锅内放水，烧开，放入鲷鱼块、豆腐丁、胡萝卜丁，小火煮熟，放入盐调味，撒上葱末即可。

功效： 鲷鱼是一种深海鱼，富含蛋白质、钙、钾、硒等营养素；豆腐可以补充钙质和植物蛋白，既滋补又不会摄入过多的热量和脂肪，辅助新妈妈瘦身。

加餐

百合绿豆汤

原料： 绿豆 50 克，百合 25 克，冰糖适量。

做法：

1 绿豆洗净；百合掰成片，洗净。

2 将绿豆和百合片同放入砂锅内，加适量水，大火煮沸，改用小火煮至绿豆开花，百合软烂。

3 最后加入冰糖调味即可。

功效： 绿豆抗菌排毒，抗衰老，和百合同食，更能美白、瘦身。

晚餐

橄榄炒四季豆

原料： 四季豆 250 克，橄榄菜 50 克，葱花、盐、香油各适量。

做法：

1 将四季豆择洗净，掐成段；橄榄菜切碎。

2 油锅烧热，爆香葱花，下入四季豆段和橄榄菜碎翻炒。

3 快要炒熟时，用盐、香油调味即可。

功效： 四季豆可消暑解热，其含有的皂苷类物质能降低脂肪吸收，促进脂肪代谢。

今日主打食材——绿豆

绿豆中脂肪含量较低，而且有清热解毒、抗菌抑菌、降低血脂的功能。

绿豆汤

绿豆洗净放入锅中，加水，大火烧开后煮 15 分钟，再加适量水，煮至绿豆开花即可。

绿豆百合糊

绿豆、百合洗净泡发后，放入豆浆机，加入银耳、冰糖，一起打成糊状即可。

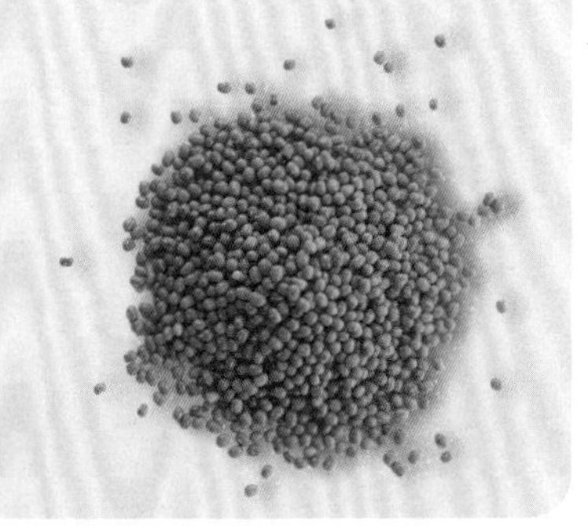

第37天

很多新妈妈在瘦身的过程中会注意减少前期进补的高脂肪食物量，但往往会忽略控制糖分的摄入量，其实新妈妈过量摄入糖分，多余糖分就会被转化为脂肪，储存在身体中，使新妈妈长胖。此时，新妈妈可以多吃些富含维生素 B_1 的食物，促进糖分代谢。

早餐

牛肉饼

原料：牛肉末250克，鸡蛋1个，葱末、姜末、盐、酱油、香油、淀粉各适量。

做法：

1 牛肉末中加入鸡蛋、盐、酱油、香油搅匀，放入葱末、姜末、淀粉搅打上劲。

2 油锅烧热，将打好的牛肉馅放入，摊平煎熟即可。

功效：牛肉中铁、锌含量较多，铁可以帮新妈妈补血，锌则有利于宝宝神经系统的发育。

早餐

茄丁面

原料：面条50克，番茄、茄子、白菜心各30克，酱油、香油、盐各适量。

做法：

1 番茄、茄子、白菜心分别洗净，番茄、茄子切丁，白菜心切丝。

2 油锅烧热，放入番茄丁、茄子丁翻炒，加酱油、盐和水调成的汤汁煮开。

3 面条和白菜心丝一同煮熟，出锅装碗。

4 将汤汁淋在面条上，淋上香油即可。

功效：茄子适合夏季坐月子食用，可清热解暑，有助于瘦身。

加餐

芪枣枸杞茶

原料：黄芪2片，红枣3颗，枸杞适量。

做法：

1 将黄芪、红枣洗净，放入锅中加清水煮开，改小火再煮10分钟。

2 加入枸杞，再煮一两分钟，滤出茶汁饮用即可。

功效：此茶可增强新妈妈的免疫力，并帮助排出体内垃圾，促进身体复原。

想瘦身的新妈妈不要错过这道汤哦。

非哺乳妈妈

非哺乳妈妈可在减少正餐摄入量的情况下，进行产后瘦身锻炼，但运动量要循序渐进，慢慢增加。

午餐

魔芋鸭肉汤

原料：鸭肉 100 克，魔芋 150 克，枸杞、盐、姜丝、酱油各适量。

做法：

1. 鸭肉和魔芋分别洗净，切块。
2. 魔芋块冷水入锅焯烫 3 分钟，捞出沥水；锅内另加水烧开，放鸭肉块略汆，去血沫、洗净。
3. 油锅烧热，放鸭肉块、姜丝，炒至肉变色，加水烧开，放魔芋块、枸杞煮至鸭肉块熟烂，加入盐、酱油调味即可。

功效：鸭肉能补血去水肿，消胀满；魔芋可以消除饥饿感，排毒通便。

加餐

冬瓜蜂蜜汁

原料：冬瓜 100 克，蜂蜜适量。

做法：

1. 冬瓜去皮、去瓤，洗净，切块。
2. 锅中加水，放入冬瓜块煮熟，捞出冬瓜块。
3. 将煮熟的冬瓜块和适量温开水放入榨汁机榨汁，去渣取汁，加入蜂蜜即可。

功效：冬瓜所含的膳食纤维丰富，且不含脂肪，有利水消肿的功效，适合产后水肿、便秘的新妈妈食用。

晚餐

莲藕拌黄花菜

原料：莲藕 100 克，干黄花菜 30 克，盐、葱末、高汤、水淀粉各适量。

做法：

1. 将莲藕洗净，切片，开水焯熟，捞出沥干；干黄花菜用冷水泡发，掐去老根，洗净后沥干。
2. 油锅烧热，放入黄花菜煸炒，加入高汤、盐，炒至黄花菜熟透，用水淀粉勾芡后出锅。
3. 将莲藕片与黄花菜略拌，撒入葱末即可。

功效：黄花菜中含有丰富的膳食纤维，能够促进胃肠蠕动，是产后新妈妈减小肚腩的不错食材。

今日主打食材——干黄花菜

干黄花菜有催乳的功效，其所含卵磷脂可加强大脑记忆力，所含膳食纤维对减肥有帮助。

黄花菜炒肉

油锅烧热，煸炒肉片，放入泡发好的黄花菜翻炒，加水煮熟，加盐即可。

黄花菜炒鸡蛋

鸡蛋炒熟备用；油锅烧热，翻炒泡发好的黄花菜，加水煮熟后加鸡蛋、盐搅匀即可。

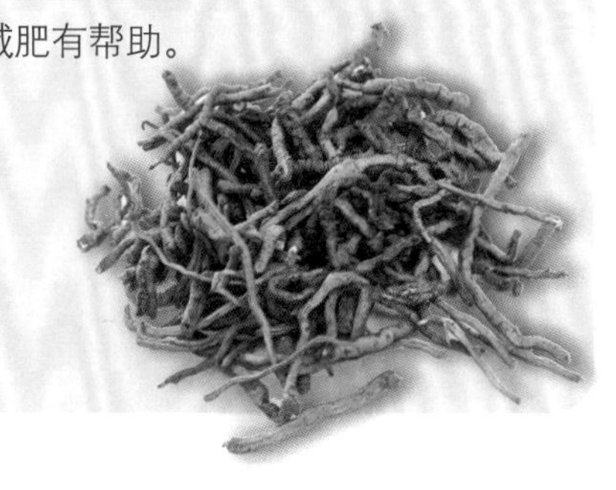

第38天

产后最佳的瘦身秘方就是哺乳，因为母乳喂养有助于消耗母体的热量，促进子宫复原，从而有助于新妈妈体形的健美。因此，哺乳妈妈要坚持母乳喂养，但也要注意少吃脂肪含量高的食物。

早餐

红豆冬瓜粥

原料：大米30克，红豆20克，冬瓜、白糖各适量。

做法：

1 红豆和大米洗净，泡发；冬瓜去皮，切块。

2 在锅中加适量清水，用大火烧沸后，放入红豆和大米，煮至红豆熟透，加入冬瓜块同煮。

3 煮至冬瓜块呈透明状，加白糖调味即可。

功效：红豆清心养神，健脾益肾；冬瓜有润肠通便、健美减肥的作用。

早餐

杂粮粥

原料：绿豆、薏米、大米、糙米各50克，干百合20克，白糖适量。

做法：

1 糙米、薏米、大米、绿豆、干百合洗净，水中浸泡2小时备用。

2 上述所有材料放入锅中，加入适量水煮开。

3 转小火边搅拌边熬煮半小时至粥稠时，加入白糖调味。

功效：此粥可帮助新妈妈排出体内多余水分。

加餐

竹荪红枣茶

原料：竹荪50克，红枣6颗，莲子10克，冰糖适量。

做法：

1 竹荪用水浸泡1小时，剪去两头，洗净泥沙，放在热水中煮1分钟，捞出，沥干水分。

2 莲子洗净去心；红枣洗净，去掉枣核，切块。

3 将竹荪、莲子、红枣块一起放入锅中，加清水大火煮沸后，转小火再煮20分钟，出锅前加入冰糖即可。

功效：此茶有补血益气、补脑宁神的功效，还能减少脂肪堆积，帮助瘦身。

不宜多吃荔枝

新妈妈不宜吃太多荔枝，易导致上火，而且荔枝含糖量较高，容易增加胰腺负担，导致体重增加。

午餐

鲫鱼豆腐汤

原料：鲫鱼 1 条，豆腐 200 克，盐、姜丝、料酒、葱花各适量。

做法：

1 将鲫鱼去鳞、内脏，洗净，用少许料酒、姜丝腌 15 分钟；豆腐切片。

2 油锅烧热，放入鲫鱼、姜丝，小火慢煎至鲫鱼两面微黄，加水煮开。

3 放入豆腐片，大火再次烧开，改小火慢炖，直到鱼熟汤白，调入盐，撒上葱花即可。

功效：此汤能促进新陈代谢，美白又下奶，是新妈妈补虚、瘦身的佳品。

加餐

菠菜鸡蛋饼

原料：面粉 150 克，鸡蛋 2 个，菠菜 3 棵，盐、香油各适量。

做法：

1 面粉倒入大碗中，加适量温开水，再打入 2 个鸡蛋，搅拌均匀，和成蛋面糊。

2 菠菜焯水沥干后切碎，倒入蛋面糊里，加盐、香油混合均匀。

3 油锅烧热，倒入菠菜蛋面糊煎至两面金黄即可。

功效：菠菜富含铁，可改善缺铁性贫血症状，令新妈妈面色红润，是养颜佳品。

晚餐

冬笋香菇扒油菜

原料：油菜 40 克，冬笋、香菇各 30 克，葱花、盐各适量。

做法：

1 油菜去老叶，洗净，切段；香菇洗净，切十字刀；冬笋切片，开水焯烫，去除草酸。

2 油锅烧热，放入葱花爆香，下入冬笋片、香菇煸炒，倒入少量清水烧制。

3 汤汁收干，放入油菜段，大火炒熟，最后加盐调味即可。

功效：这道菜富含维生素、膳食纤维、钙、磷、铁等营养素，油脂、热量很少，既可为新妈妈提供身体所需营养素，又能预防肥胖。

今日主打食材——冬笋

冬笋富含胡萝卜素、维生素，食用冬笋能帮助消化和排泄，起到减肥、预防大肠癌的作用。

冬笋炒肉

冬笋片焯水备用；油锅烧热煸炒肉片，加入冬笋片翻炒至熟，加盐调味即可。

笋丝炒鸡蛋

油锅烧热爆香葱花，放入鸡蛋液成型后加入笋丝同炒至熟，加盐调味即可。

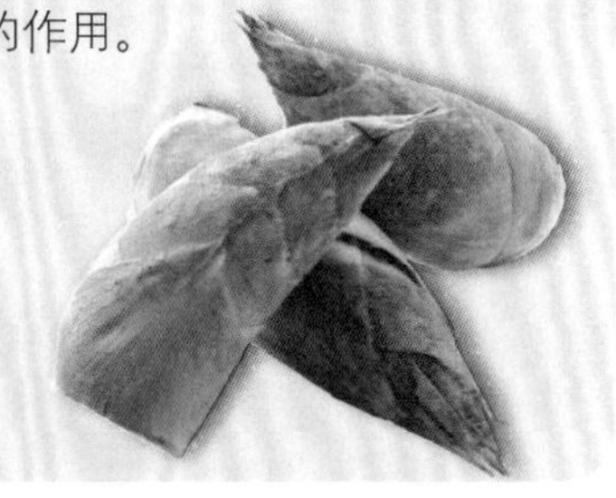

适当吃糙米

糙米富含膳食纤维，有助于体内毒素排出，改善便秘现象，但口感较差，新妈妈可以混着大米煮粥食用。

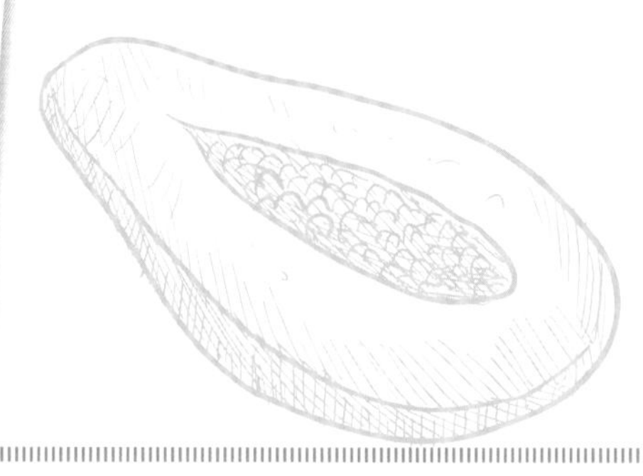

早餐

香蕉空心菜粥

原料： 香蕉、空心菜各 100 克，大米 80 克。

做法：

1 香蕉去皮，切片；空心菜洗净，切段；大米洗净，浸泡。

2 锅置火上，放入大米和适量水，大火烧沸后改小火，熬煮成粥。

3 放入香蕉片、空心菜段，搅拌均匀，略煮片刻即可。

功效： 香蕉可瘦身、防抑郁；空心菜清热解毒，能加快体内垃圾排出。

早餐

炒馒头

原料： 馒头 200 克，木耳 20 克，番茄 50 克，鸡蛋 1 个，盐、葱末各适量。

做法：

1 馒头切小块；木耳泡发，洗净，切块；番茄洗净，切块；鸡蛋打散。

2 油锅烧热，放入鸡蛋液炒散，倒入木耳块，再加番茄块和适量水，最后加盐和馒头块翻炒均匀，撒上葱末即可。

功效： 木耳和鸡蛋含丰富的铁和蛋白质，番茄富含胡萝卜素和维生素 C。

加餐

银耳木瓜汤

原料： 银耳 10 克，木瓜 100 克，冰糖适量。

做法：

1 银耳用清水浸透泡发，洗净，撕成小朵；木瓜去皮、去子，切成小块。

2 木瓜块和银耳放入锅中，大火烧开后转中火煮 30 分钟。

3 最后放入冰糖煮 5 分钟即可。

功效： 木瓜含蛋白分解酵素，能延缓衰老，与银耳搭配，可滋润养颜。

酸奶助瘦身

酸奶易于吸收，且含有许多益生菌，对肠道生态平衡有益，热量也较低，适合产后新妈妈瘦身时食用。

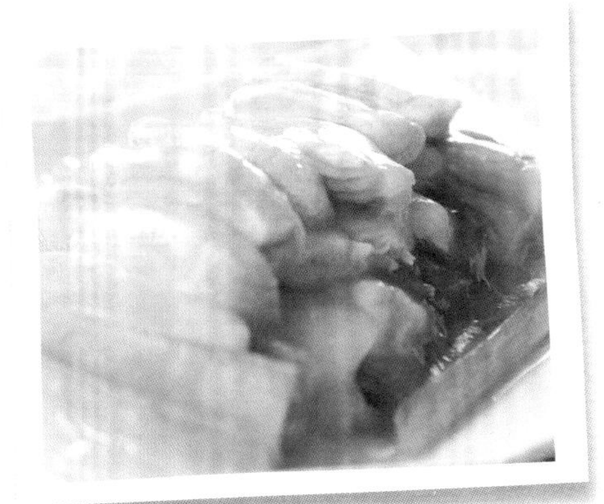

午餐

木瓜竹荪炖排骨

原料：排骨300克，竹荪25克，木瓜半个，盐适量。

做法：

1 排骨斩块，放入沸水中汆烫，洗去血沫；竹荪用盐水泡发，洗净，剪小段；木瓜去皮、去子，切块。

2 竹荪段、排骨块、木瓜块一起放入砂锅中，加盖炖1小时。

3 待食材熟透，加盐调味即可。

功效：竹荪有保护肝脏、减少腹壁脂肪堆积的作用，从而帮助新妈妈达到减肥的目的。与排骨同食可减少其油脂。

加餐

樱桃虾仁沙拉

原料：樱桃6颗，虾仁4个，青椒半个，酸奶适量。

做法：

1 樱桃、青椒分别洗净，去核、去子，切丁；虾仁洗净，切丁。

2 锅中烧水，水沸后放入虾仁丁汆熟，盛出晾凉备用。

3 将上述食材放入盘中，倒入酸奶拌匀即可。

功效：樱桃含铁丰富，虾仁是高钙食物，搭配食用能满足产后新妈妈的营养所需，且酸奶沙拉中的脂肪含量较少，有利于新妈妈瘦身。

晚餐

鸡胸肉扒小白菜

原料： 小白菜300克， 鸡胸肉200克， 牛奶、 鸡汤、 盐、 葱花、 水淀粉各适量。

做法：

1 小白菜去根，洗净，切长段，用开水焯烫；鸡胸肉洗净，切条，用开水汆烫，去血沫。

2 油锅烧热，放葱花爆香，放鸡胸肉条、小白菜段翻炒，加盐，倒鸡汤，大火烧开转中火炖煮。

3 待食材熟透，倒入牛奶略煮，用水淀粉勾芡即可。

功效：鸡肉具有健脾胃、活血脉、强筋骨的功效，是产后新妈妈养胃、补血、增体质的不错食材。

今日主打食材——小白菜

小白菜低脂肪、低热量，在帮助新妈妈控制体重的同时能提供大量钙质，促进宝宝的骨骼发育。

香菇小白菜

油锅烧热，煸炒香菇丁至软，加入小白菜段翻炒至熟，加盐调味即可。

小白菜拌黄瓜

黄瓜拍碎；小白菜切段，与黄瓜放在碗中，加入醋、盐、白糖、葱丝拌匀即可。

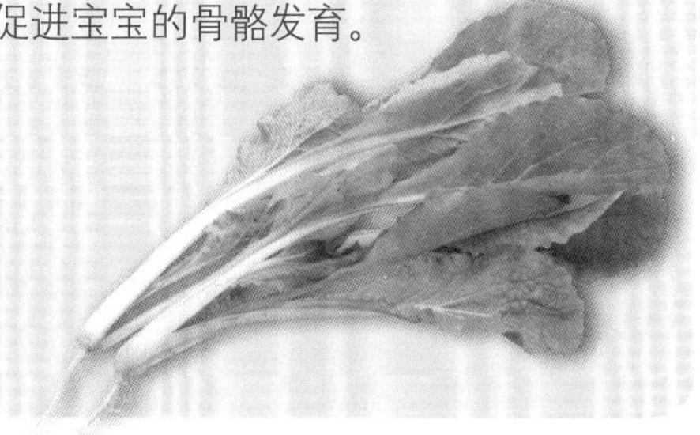

第39天

对于产后瘦身来说，睡眠的好坏也起着很重要的作用。长时间、优质的睡眠可以增加激素分泌量，促进身体的新陈代谢，让脂肪快速地被分解和消耗，打造易瘦体质。因此，新妈妈要保证充足的睡眠，这样既有充沛的精力照顾宝宝，又可以早日恢复苗条身姿。

早餐

荔枝粥

原料：干荔枝20克，大米50克。

做法：

1 大米淘洗干净，用清水浸泡30分钟。

2 干荔枝去壳取肉，洗净。

3 大米与干荔枝肉同放入锅中，加适量清水，用大火煮沸，然后转小火煮至粥熟即可。

功效：干荔枝有助于提高抗病能力，改善失眠和健忘。

早餐

南瓜绿豆糯米粥

原料：绿豆20克，南瓜50克，糯米、大米各30克，冰糖适量。

做法：

1 绿豆、糯米和大米分别洗净，用清水浸泡4~6小时；南瓜去皮、洗净、切块。

2 锅中放绿豆和适量清水，将绿豆煮熟。

3 再放入糯米、大米和南瓜块，煮熟后依个人口味放入冰糖即可。

功效：此粥带些许甜香，又清凉去火，有瘦身美颜之效。

加餐

豆芽木耳汤

原料：黄豆芽50克，木耳10克，番茄100克，高汤、盐各适量。

做法：

1 番茄的外皮轻划十字刀，放入沸水中略烫，去皮，切块；木耳泡发后切丝。

2 油锅烧热，放入黄豆芽翻炒，加入高汤，放入木耳丝、番茄块，用中火煮至食材熟透，加盐调味即可。

功效：木耳中富含维生素B_2，可以促进脂肪的新陈代谢，木耳还含有膳食纤维和特殊的植物胶质，这两种物质能够促进胃肠的蠕动，有助于新妈妈瘦身。

掌握饮水量

非哺乳妈妈要控制好饮水量，过量饮水会加重水肿的状况，另外，晚上睡觉之前也最好少饮水。

午餐

香菇鸡翅

原料：鸡翅4个，香菇8朵，鸡汤、酱油、盐、葱花、姜末各适量。

做法：

1 鸡翅洗净，用酱油腌制片刻；香菇洗净切厚片，在油锅中炒一下，捞出备用。

2 另起油锅烧热，放姜末爆香，倒入鸡翅煎至两面金黄色，加入适量鸡汤烧开。

3 鸡翅和鸡汤盛入砂锅内，放入香菇片，用小火焖熟，收干汤汁，加盐调味，撒入葱花即可。

功效：鸡翅对改善皮肤有帮助，配合能促进新陈代谢的香菇食用，有利于新妈妈瘦身、美容。

加餐

玉竹百合苹果羹

原料：玉竹、百合各20克，红枣7颗，陈皮6克，苹果100克。

做法：

1 红枣洗净；苹果去皮、去核，切丁；百合洗净，掰成片；玉竹、陈皮洗净，切丁。

2 锅中放适量水，下玉竹丁、百合片、红枣、陈皮丁、苹果丁煮开，用中火煮约2小时即可。

功效：玉竹可养阴生津，能改善干裂、粗糙的皮肤；苹果热量较低，吃后饱腹感较强，有美容、瘦身的作用。

晚餐

凉拌魔芋丝

原料：魔芋丝200克，黄瓜80克，芝麻酱、酱油、醋、盐、香菜叶、枸杞各适量。

做法：

1 枸杞洗净；黄瓜洗净，切丝；魔芋丝用开水烫熟，晾凉。

2 芝麻酱用温开水调开，加适量的酱油、醋、盐调成小料。

3 将魔芋丝、枸杞和黄瓜丝放入盘内，倒入小料拌匀，加香菜叶点缀即可。

功效：魔芋是一种优质膳食纤维食物，具有减肥、通便的作用。

今日主打食材——黄瓜

黄瓜富含维生素，有美容的功效，其含有的丙醇二酸，可抑制糖类物质转变为脂肪。

凉拌黄瓜

黄瓜洗净拍碎，加入醋、香油、蒜末拌匀即可。

黄瓜炒鸡蛋

油锅烧热放入鸡蛋液，凝固后翻炒；加入黄瓜片，同炒至熟，加盐调味。

第40天

高脂肪的食物可以为新妈妈及时补充热量，但并不适于本周不需要大量进补的新妈妈了，如果还是大量食用高脂肪的食物，很容易长胖。新妈妈可以多采用蒸、煮、炖、汆、拌等少油的烹调方法，以此减少油脂的摄入。

早餐

香蕉苹果粥

原料：香蕉100克，苹果50克，糯米40克，冰糖适量。

做法：

1 香蕉、苹果分别去皮，切丁；糯米洗净，浸泡2小时。

2 锅置火上，放入糯米和适量水，大火烧沸后改小火，熬煮成粥。

3 待粥煮熟时，放入香蕉丁和苹果丁，略煮片刻。

4 待粥煮至熟烂时，放入冰糖即可。

功效：香蕉苹果粥香甜可口，有利于新妈妈瘦身美颜。

早餐

大米绿豆猪肝粥

原料：大米50克，绿豆20克，猪肝40克，盐适量。

做法：

1 将大米、绿豆分别洗净；猪肝洗净、切碎；绿豆提前用水浸泡4~6小时。

2 锅中加适量清水，放入大米和绿豆，煮至快熟烂时，加入猪肝碎，待猪肝熟透后加盐即可。

功效：绿豆有清热解毒利水消肿之功效；猪肝是补铁补血的食疗佳品。

加餐

清蒸虾

原料：虾6只，姜、高汤、醋、酱油、香油各适量。

做法：

1 虾洗净，去须，去虾线，取肉；姜洗净，一半切片，一半切末。

2 将虾摆在盘内，加入姜片和高汤，上笼蒸10分钟左右。

3 拣去姜片，将虾装盘，用醋、酱油、姜末和香油兑成汁，供蘸食。

功效：虾的蛋白质、钙含量丰富，适用于产后肾虚乏力、钙摄入不足的新妈妈食用。

不宜吃人参

此时新妈妈还不适合服用人参来滋补，容易出现失眠、烦躁、心神不宁。最好产后2个月后再考虑服用。

午餐

红豆饭

原料： 红豆30克，大米40克。

做法：

1 红豆、大米洗净，浸泡一夜，再将浸泡的水倒掉，用清水冲几遍。

2 锅中放入适量水，再放入红豆、大米同煮成饭。

功效： 红豆既可补血，又可利水消肿，与大米同煮成红豆饭是新妈妈瘦身时不错的主食。

加餐

泥鳅红枣汤

原料： 泥鳅2条，红枣12颗，姜片、盐各适量。

做法：

1 泥鳅处理后洗净，切段；烧开水，把泥鳅放进约六七成热的水中，汆烫去掉黏液，再洗去血沫；红枣洗净，备用。

2 把洗好的泥鳅段放进油锅中煎香，加姜片、红枣和适量水大火烧开。

3 转小火煮30分钟，加盐即可。

功效： 泥鳅中蛋白质含量较高而脂肪较低，新妈妈不用怕长胖，而且泥鳅能暖脾健胃，红枣补气养血，同食能增强新妈妈的体力。

晚餐

拌绿豆芽

原料： 绿豆芽30克，青椒半个，银耳、盐、醋、白糖、香油各适量。

做法：

1 绿豆芽洗净；青椒洗净，去蒂、去子，切丝；银耳泡发，撕片。

2 锅中放入适量清水，水沸后把绿豆芽、青椒丝、银耳放入锅中，焯熟捞出沥水。

3 在银耳、青椒丝、绿豆芽中放入盐、白糖、醋、香油，拌匀即可。

功效： 绿豆芽所含的热量很低，可消脂通便，适宜产后瘦身的新妈妈食用，既可以补充营养，又能消耗体内脂肪。

今日主打食材——绿豆芽

绿豆芽可以清热解暑，预防便秘，还能清除血管壁中胆固醇和脂肪的堆积、防止心血管病变。

绿豆芽炒肉丝

油锅烧热，煸炒肉丝至变色，加入红椒丝、绿豆芽，翻炒至熟，加盐调味即可。

番茄炒绿豆芽

绿豆芽焯水备用；油锅烧热，翻炒番茄块后，放入绿豆芽炒熟，加盐调味即可。

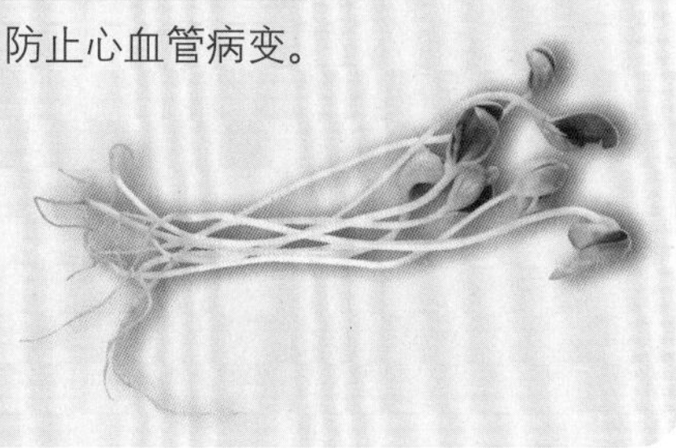

第41天

新妈妈不能为了瘦身而超负荷活动，刚出月子的时候不仅不能久站，也不能久蹲，因为分娩后盆底肌肉恢复需要3个月的时间，此时如果久站或久蹲，就会造成子宫沿阴道方向往下挪动，导致产后子宫脱垂。

早餐

咸香蛋黄饼

原料： 紫菜30克，鸡蛋2个，面粉50克，盐适量。

做法：

1 紫菜洗净，切碎；鸡蛋取蛋黄打散备用。

2 将紫菜碎、蛋黄、面粉、盐一起搅拌至浓稠的糊状。

3 油锅烧热，将原料一勺一勺舀入锅中，用小火煎至两面金黄即可。

功效： 紫菜能增强记忆力，防治贫血，还含有甘露醇，可以消除水肿。

早餐

杂粮蔬菜瘦肉粥

原料： 大米、糙米各50克，猪肉100克，菠菜、虾皮、盐各适量。

做法：

1 大米、糙米均淘洗干净，煮成杂粮粥备用；菠菜择洗干净，焯水后切段；猪肉洗净，切丝。

2 油锅烧热，倒入虾皮爆香，放入猪肉丝略炒，加水煮开，放入杂粮粥和菠菜段，再煮片刻加盐即可。

功效： 此粥可补充维生素E、B族维生素，有助于促进肠胃蠕动和营养吸收。

加餐

鱼丸苋菜汤

原料： 鲤鱼净肉200克，苋菜20克，高汤、枸杞、盐、香油各适量。

做法：

1 将苋菜择好，洗净，切段；鲤鱼净肉洗净，剁成鱼肉蓉。

2 锅中煮开高汤，手上沾水，把鱼肉蓉搓成丸子，放入高汤内煮3分钟。

3 再加入苋菜段和枸杞略煮，最后加盐调味，淋入香油即可。

功效： 鲤鱼肉脂肪含量极少，苋菜具有补血、生血等功效，两者搭配，在帮助新妈妈补血的同时，也可预防肥胖。

吃些健脑食物

产后新妈妈一般会变得健忘，所以应该多吃些补脑的食物，如鱼、豆腐、核桃等。

午餐

秋葵拌鸡肉

原料：秋葵5根，鸡胸肉100克，圣女果5个，柠檬半个，盐、橄榄油各适量。

做法：

1 秋葵、鸡胸肉和圣女果分别洗净；秋葵用开水焯2分钟，捞出后过凉；鸡胸肉用开水汆熟，捞出沥干水分。

2 圣女果对半切开；秋葵去蒂，切小段；鸡胸肉切块；将上述食材放入碗中，加橄榄油、盐，挤几滴柠檬汁，搅拌均匀即可。

功效：秋葵拌鸡肉高营养低脂肪，有助于新妈妈恢复苗条身材。

加餐

牛奶火龙果饮

原料：火龙果1个，牛奶250毫升。

做法：

1 火龙果去皮切小块后待用。

2 火龙果块、牛奶倒入搅拌器中，搅打均匀即可。

功效：这道饮品既能补钙，又能预防和缓解便秘，对美颜瘦身有不错的效果。

晚餐

清蒸鲈鱼

原料：鲈鱼1条，姜丝、葱丝、香菜叶、盐、蒸鱼豉油各适量。

做法：

1 将鲈鱼去鳞、去鳃、去内脏，洗净，两面划几刀，抹匀盐后放盘中腌5分钟。

2 将葱丝、姜丝铺在鱼身上，上锅隔水蒸15分钟出锅，淋适量蒸鱼豉油，撒上香菜叶即可。

功效：鲈鱼的口感清爽，营养价值很高，脂肪含量低，也可促进乳汁分泌，是哺乳妈妈增加营养又不会长胖的美食。

今日主打食材——秋葵

秋葵为低能量食物，是很好的减肥食物，其黏性物质可促进胃肠蠕动，可利消化、益肠胃。

清炒秋葵

秋葵洗净切片；油锅烧热，放入秋葵片翻炒至熟，加盐调味即可。

秋葵炒肉

油锅烧热，放入肉片翻炒，加入秋葵片同炒至熟，加盐调味即可。

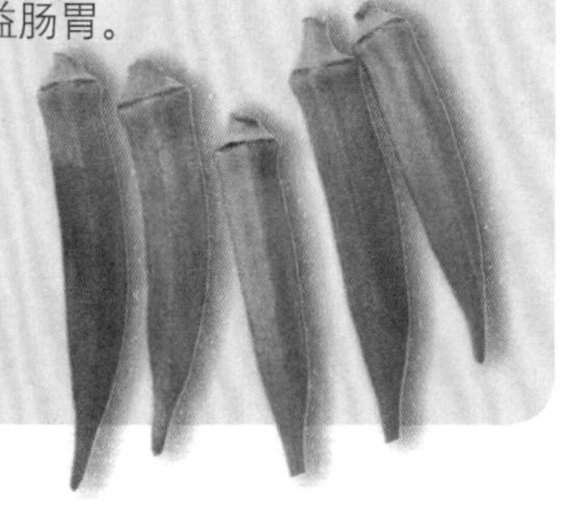

第42天

新妈妈不要为了尽快恢复身材而过于偏食素菜，尤其是母乳喂养的新妈妈，要保证每天摄入足够的蛋白质，做好荤素搭配，不仅有利于吸收蛋白质，也能起到调节肠胃的作用，可以避免新妈妈出现便秘、母乳不足的困扰。

早餐

鸡汤面

原料：细面条200克，鸡胸肉100克，油菜2棵，香菇2朵，鸡汤、盐各适量。

做法：

1 鸡胸肉洗净，切片，入锅中加盐煮，煮熟盛出。

2 油菜洗净，掰开后入开水焯熟；香菇入油锅略煎；鸡汤烧开，加盐调味。

3 煮熟的面条盛入碗中，鸡胸脯肉摆在面条上，淋上热鸡汤，再点缀油菜和香菇即可。

功效：早餐吃一碗荤素搭配的面，给新妈妈带来一整天的好心情。

早餐

香煎豆渣饼

原料：豆渣、面粉各100克，鸡蛋1个，青菜、白胡椒粉、盐、植物油各适量。

做法：

1 青菜洗净焯烫，切碎；鸡蛋打散，加入豆渣、青菜碎、盐、白胡椒粉搅拌均匀，再加入面粉搅拌成面团。

2 手上蘸清水，取适量面团做成圆饼状。

3 油锅烧热，小火煎炸面团至两面金黄色即可。

功效：豆渣有降脂、防便秘、预防骨质疏松、降糖、减肥和抗癌等作用。

加餐

冬瓜海米汤

原料：冬瓜50克，木耳、海米各30克，鸡蛋1个，香菜叶、葱花、香油、盐各适量。

做法：

1 冬瓜去皮、瓤，洗净切片；海米泡发；鸡蛋打散；木耳泡发，撕小朵。

2 油锅烧热，放葱花爆香，下海米、冬瓜片翻炒片刻。

3 加适量水烧开，放木耳用大火煮开，加盐调味。

4 倒入鸡蛋液煮至食材全熟，撒上香菜叶，淋上香油即可。

功效：冬瓜有减肥降脂的作用，是产后新妈妈瘦身的营养食物。

不宜吃油条

黄灿灿的油条很能吸引新妈妈的眼光，但油条热量高、油脂含量也高，营养价值低，新妈妈最好不吃。

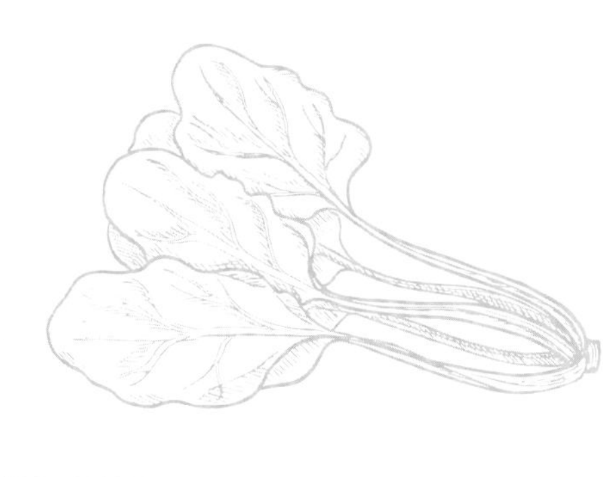

午餐

西蓝花牛肉意面

原料：通心粉、西蓝花、牛肉各100克，柠檬、盐、橄榄油各适量。

做法：

1. 西蓝花洗净，掰小朵；牛肉切碎，用盐腌制。
2. 油锅烧热，放牛肉碎，翻炒变色；另起锅，加水烧开，放通心粉，将熟时放西蓝花煮好，捞出沥干。
3. 通心粉和西蓝花盛盘，放牛肉碎、橄榄油，挤入柠檬汁即可。

功效：西蓝花牛肉意面富含维生素和蛋白质，既补营养又不易增重。

加餐

香煎三文鱼

原料：三文鱼350克，葱末、姜末、盐各适量。

做法：

1. 三文鱼处理干净，用葱末、姜末、盐腌制。
2. 平底锅烧热，倒入油，放入腌入味的三文鱼，两面煎熟即可。

功效：三文鱼肉质鲜嫩，低热量低脂肪，为新妈妈提供优质蛋白质的同时还不会让新妈妈的体重增加，有助于新妈妈的健康瘦身。

晚餐

菠菜鱼片汤

原料：鲤鱼1条，菠菜100克，葱段、姜片、盐各适量。

做法：

1. 鲤鱼处理清洗后切薄片，用盐腌20分钟；菠菜洗净，切段。
2. 油锅烧至五成热，下姜片、葱段，爆香，再下鱼片略煎。
3. 加适量清水，用大火煮沸后改用小火煮20分钟，放菠菜段煮熟，加盐调味即可。

功效：鲤鱼可利水消肿、有助于新妈妈消除水肿、腹胀，而且鲤鱼中脂肪含量较少，可避免新妈妈脂肪堆积。

今日主打食材——冬瓜

冬瓜有减肥降脂、清热化痰、润肤美容功效，还有调节免疫功能，具有保护肾功能的作用。

素炒冬瓜

油锅烧热，放入冬瓜片翻炒，加入高汤煮15分钟，加盐调味即可。

肉末蒸冬瓜

冬瓜去皮切片放入盘中，在上面放上腌制好的肉末，放入蒸锅蒸熟，加盐，淋上香油即可。

附录：产后常见不适食疗方

产后出血

分娩后 24 小时内出血量超过 500 毫升称为产后出血，常见原因是宫缩乏力、软产道损伤、胎盘因素及凝血功能障碍。发生产后出血量过多，新妈妈千万不能粗心大意，不能单纯地认为出血是产后正常现象，要及时治疗，避免带来更大的危害。此外，新妈妈还应保证充足的睡眠，加强营养，坚持高热量饮食，多食富含铁的食物，如牛肉、鱼、菠菜、番茄、哈密瓜、草莓、芝麻、松子、海带、虾皮、鸡蛋等。新妈妈情况稳定后，家人应鼓励新妈妈下床活动，活动量应逐渐增加。

食疗方 1 生地益母汤

取料酒 200 毫升，生地黄 6 克，益母草 10 克。将这些中药一起放入碗中，隔水蒸 20 分钟后服药汤。每次温服 50 毫升，连服数天。

食疗方 2 百合当归猪肉汤

百合 30 克，当归 9 克，猪瘦肉 60 克，盐适量。猪瘦肉切片，当归、百合洗净，一起放入锅中加水煮熟，加适量盐调味即可。

产后失眠

产后失眠一般是因为母体在怀孕期间会分泌出许多保护胎宝宝成长的激素，但在产后72小时之内这种激素逐渐消失，改为分泌供应母乳的激素而造成的。在产后由于种种不安，如头疼、轻微忧郁、半夜给宝宝喂奶等导致的失眠，将会给新妈妈带来很大的痛苦。产后失眠时应多吃一些有助于安眠的食物，如香蕉、苹果、小米粥等，保持心情愉悦，睡前喝1杯牛奶也有助于安眠。

食疗方1 山药羊肉羹

羊瘦肉200克，山药150克，牛奶、盐、姜片各适量。将羊瘦肉洗净，切小块；山药去皮，洗净，切小块。将羊瘦肉、山药块、姜片放入锅内，加入适量清水，小火煮至肉烂，出锅前加入牛奶、盐，稍煮即可。

食疗方2 桂花板栗小米粥

小米60克，板栗50克，玉米粒、白糖适量。将板栗洗净，加水煮熟，去壳；小米、玉米粒淘洗干净，浸泡1小时。将小米、玉米粒放入锅中，加适量水，小火煮熟成粥，加入板栗，撒上白糖即可。

食疗方3 银耳桂圆莲子汤

银耳10克，桂圆、莲子各50克，冰糖适量。银耳用水浸泡2小时，撕成小朵。桂圆去壳；莲子去心洗净，备用。将银耳、桂圆肉、莲子一同放入锅内，大火煮沸后，转小火继续煮，煮至银耳、莲子完全柔软，汤汁变浓稠后出锅，加入冰糖即可。

产后便秘

新妈妈产后饮食如常，但大便数日不行或排便时干燥疼痛，难以解出者，称为产后便秘，或称产后大便难，这是最常见的产后病症之一。分娩后胃口不好、伤口疼痛、活动减少、饮食缺乏膳食纤维，是产后便秘形成的重要因素。大便干结疼痛，难以排出，又会形成恶性循环，影响新妈妈的身心健康。为预防产后便秘，新妈妈可多吃一些富含膳食纤维的食物，如蔬菜、水果等。如果新妈妈身体还比较虚弱，吃水果时最好用炖、煲汤或者蒸的方式预先加热一下，避免过于寒凉。

食疗方 1 油菜汁

取新鲜油菜洗净，开水焯熟，捣烂取汁，每次饮服 1 小杯，每日服用两三次，可辅助治疗产后便秘。

食疗方 2 蜂蜜芝麻糊

蜂蜜 1 匙，黑芝麻 50 克。将黑芝麻和适量水放入豆浆机中，启动“米糊”键，做好盛出后，晾温加入蜂蜜搅拌均匀，每天食用 2 次。

食疗方 3 茼蒿汁

取新鲜茼蒿 250 克，洗净焯熟后榨汁或做汤喝，每日 1 次，连续 7~10 天为 1 个疗程，可辅助治疗产后便秘。

产后乳房胀痛

很多新妈妈都会经历胀奶的痛苦：双乳胀满，出现硬结，感觉有些疼，甚至胀痛感会延至腋窝部位。这是因为乳腺由脂肪、乳腺腺泡和导管组成，怀孕时在雌激素的作用下，乳腺开始增生，胎盘泌乳素水平也不断升高，为产后泌乳做好准备。产后，大多数新妈妈就会有初乳分泌，而大量的乳汁分泌一般是在产后两三天，此时就会有明显的乳腺胀痛，乳腺表面温度升高，有时还会看见充盈的静脉。但一般至产后七八天乳汁通畅后，胀痛感就会得到一定缓解。

食疗方 1 枸杞红枣乌鸡汤

乌鸡1只，枸杞20克，红枣4颗，盐适量。将乌鸡去内脏，洗净，放入温水里，用大火煮沸后捞出。把乌鸡和枸杞、红枣放入温水锅内，大火煮沸，再转小火炖至乌鸡酥烂，出锅前加盐即可。

食疗方 2 胡萝卜炒豌豆

胡萝卜半根，豌豆半碗，姜片、醋、盐各适量。胡萝卜洗净，切成丁；将胡萝卜丁和豌豆分别放入开水中焯 1 分钟后，捞出。油锅烧至七成热，放入姜片煸香，然后放入焯过的胡萝卜丁、豌豆，爆炒至熟，最后调入醋和盐，翻炒均匀即可。

食疗方 3 丝瓜炖豆腐

丝瓜 100 克，豆腐 50 克，高汤、盐、葱花、香油各适量。豆腐洗净，切小块，焯烫一下；丝瓜去皮，切小块。油锅烧热，放入丝瓜块煸炒至发软，放入高汤、盐大火烧开。下入豆腐块，转小火炖约 10 分钟，豆腐块鼓起就可关火，撒上香油及葱花后盛出即可。

产后抑郁

产后新妈妈身体内的雌激素会从孕期的高水平，迅速地回落到低水平。由于这种回落太快了，身体不能很好地调节适应，于是会比较明显地影响到新妈妈的情绪和精神状况。分娩、哺乳、照顾宝宝带来的疲劳和不适应，生活方式的巨大变化，加上月子里一般待在室内，不出门，这些都会使新妈妈出现精神紧张、烦躁易怒、不自信、焦虑、沮丧等不良情绪。如果时间过长，难以改善，容易发展为产后抑郁症，严重时还需通过药物治疗。

食疗方 1 香蕉煎饼

香蕉 1 根，鸡蛋 1 个，面粉 1 杯，玉米面半杯，黄油、白糖各适量。面粉和玉米面混合，加 1 杯清水、白糖和鸡蛋，拌匀成面糊；香蕉去皮，捣碎，放面糊中拌匀；锅中加黄油烧热，放面糊煎熟即可。

食疗方 2 什锦西蓝花

西蓝花、菜花各 200 克，胡萝卜 100 克，白糖、醋、香油、盐各适量。西蓝花、菜花洗净，掰成小朵；胡萝卜去皮，切片。将全部蔬菜放入开水中焯熟，晾凉后加白糖、醋、香油、盐，搅拌均匀即可。

食疗方 3 银耳鹌鹑蛋

银耳 1 朵，鹌鹑蛋 6 个，冰糖适量。银耳泡发，去蒂，放入碗中加清水，上蒸笼蒸透；鹌鹑蛋煮熟剥皮。锅中加清水、冰糖煮开后放入银耳、鹌鹑蛋稍煮即可。

产后恶露不净

恶露是产褥期由阴道排出的分泌物，由胎盘剥离后的血液、黏液、坏死的蜕膜组织和细胞等物质组成，正常恶露没有臭味。在正常情况下，产后 1~3 天出现血性恶露，含有大量血液、黏液及坏死的内膜组织，有血腥味。产后 4~10 天转为颜色较淡的浆性恶露，产后一两周排出的白恶露，为白色或淡黄色，量更少。恶露在早晨的排出量较晚上多，一般持续 3 周左右停止。产后可有意识地多吃蔬菜、水果等有助于排恶露的食物，如白菜、菜花、莴笋、番茄、丝瓜、莲藕、冬瓜、白萝卜、苹果等。

食疗方 1 阿胶鸡蛋羹

鸡蛋 2 个，阿胶 10 克，盐适量。鸡蛋磕入碗中；阿胶打碎。把阿胶碎放入鸡蛋液中，加入盐和适量清水，搅拌均匀。将鸡蛋液上锅，用大火蒸熟，即可食用。

食疗方 2 白糖藕汁

莲藕 50 克，白糖适量。将莲藕洗净，加适量温开水榨取藕汁，取 100 毫升，将白糖兑入藕汁中，随时饮服。适用于血热所致的产后恶露不净。

食疗方 3 人参炖乌鸡

人参 10 克，乌鸡 1 只，姜丝、葱丝、盐各适量。乌鸡处理后洗净，入开水汆烫去血沫；将人参浸软切片，装入鸡腹，放入砂锅内；加姜丝、葱丝、盐炖至鸡熟烂，食肉饮汤即可。

图书在版编目（CIP）数据

吃不胖的月子餐 / 李宁主编 . -- 南京 : 江苏凤凰科学技术出版社，2018.2

（汉竹 • 亲亲乐读系列）

ISBN 978-7-5537-8582-0

Ⅰ . ①吃… Ⅱ . ①李… Ⅲ . ①产妇－妇幼保健－食谱 Ⅳ . ① TS972.164

中国版本图书馆 CIP 数据核字 (2017) 第 248201 号

中国健康生活图书实力品牌

吃不胖的月子餐

主　　编	李　宁
编　　著	汉　竹
责任编辑	刘玉锋　张晓凤
特邀编辑	苑　然　张　欢
责任校对	郝慧华
责任监制	曹叶平　方　晨
出版发行	江苏凤凰科学技术出版社
出版社地址	南京市湖南路1号A楼，邮编：210009
出版社网址	http://www.pspress.cn
印　　刷	天津海顺印业包装有限公司分公司
开　　本	715 mm × 868 mm　1/12
印　　张	14
字　　数	100 000
版　　次	2018年2月第1版
印　　次	2018年2月第1次印刷
标准书号	ISBN 978-7-5537-8582-0
定　　价	45.00元